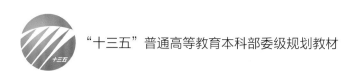"十三五"普通高等教育本科部委级规划教材

服饰图案基础教程

孙晔　金鹏　编著

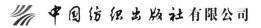中国纺织出版社有限公司

内 容 提 要

本书从服饰图案的历史与风格入手，分析了服饰图案的美感因素；讲述了从灵感到图案设计的过程，通过实例分析，讲述了图案造型、表现形式、设计技法的基础训练与灵活运用；从色彩心理的角度，结合流行的因素，讲述服饰图案的色彩设计方法；最后阐述了服饰图案设计与生产工艺的关系，以及服饰图案的设计与运用。本书的主要读者为艺术设计相关专业的师生、图案设计的爱好者和相关行业的设计师。

图书在版编目（CIP）数据

服饰图案基础教程 / 孙晔，金鹏编著 . -- 北京：中国纺织出版社有限公司，2020.8

"十三五"普通高等教育本科部委级规划教材

ISBN 978-7-5180-7422-8

Ⅰ.①服… Ⅱ.①孙…②金… Ⅲ.①服饰图案—图案设计—高等学校—教材 Ⅳ.① TS941.2

中国版本图书馆 CIP 数据核字（2020）第 079333 号

策划编辑：孙成成　　责任编辑：谢婉津
责任校对：楼旭红　　责任印制：王艳丽

中国纺织出版社有限公司出版发行
地址：北京市朝阳区百子湾东里 A407 号楼　邮政编码：100124
销售电话：010 — 67004422　传真：010 — 87155801
http://www.c-textilep.com
中国纺织出版社天猫旗舰店
官方微博 http://weibo.com/2119887771
北京华联印刷有限公司印刷　各地新华书店经销
2020 年 8 月第 1 版第 1 次印刷
开本：787×1092　1/16　印张：10
字数：133 千字　定价：68.00 元

凡购本书，如有缺页、倒页、脱页，由本社图书营销中心调换

序
P R E F A C E

　　《服饰图案基础教程》主要是为服装与服饰设计专业的服饰图案设计课程编写的教材。我们长期在教学一线，一直想编写一部适合学生、能为学生提供设计方法，同时也能为老师提供教学依据的教材。本书是长期教学的积累，也是机缘巧合、水到渠成的结果。

　　本书编写的依据主要有三个方面：首先，依据普通高等教育本科教学质量国家标准要求和服装与服饰设计专业培养目标的需要。服饰图案设计不能只是纸上谈兵，服装设计专业的学生不仅要掌握服饰图案的设计方法和表现技法，同时还要对图案工艺有一定的了解与实践。其次，依据市场的需求和毕业生的意见反馈。服饰设计是与市场、时尚紧密相连的，时尚流行的更新，需要我们的教材也能与时俱进，及时把握时尚文化的脉搏，要求课程的内容能及时反映流行信息与最新工艺技术。第三，依据教学过程中面临的问题。该课程作为专业基础课开设在学生进校的第一学期，课时有限，学生还没有设计基础。所以要求教材侧重基础的内容，同时又能体现服饰图案设计的专业性，在较短的时间内培养学生的学习兴趣与持续的自学能力。

　　基于以上三个方面的原因，本书从认识图案开始，先了解服饰图案的历史、风格和题材，分析服饰图案美感因素，后进行基础造型、表现手法的训练，再深入到服饰图案的专业设计。从感性认识到理性设计，先基础后专业，循序渐进，一步一步深入，重点放在设计方法和基础训练上。这本教材的大部分内容在编写过程中已用于教学，并通过教学得到不断完善，书中大部分的设计训练习作也都来自南通大学服装专业的历届学生。实践证明良好的服饰图案设计基础为后续的服装设计学等课程的学习带来了便利。

　　本书共八章，其中第一至第五章由孙晔撰写，第六至第八章由金鹏撰写。全书由孙晔统稿。

本书编写过程中，参阅了相关书刊文献，以及相关时尚网站与公众号；得到南通大学以及南通大学杏林学院的支持，在此表示感谢！还要感谢为本书提供图片的历届学生！感谢中国纺织出版社有限公司的大力支持！书中不足与疏漏之处在所难免，也恳请同行专家及读者批评指正。

孙晔　金鹏

目 录
C O N T E N T S

第一章　服饰图案设计概述

第一节　关于图案 ·· 002

　　一　图案的概念 ·· 002

　　二　图案的起源与图案学的产生 ·························· 002

第二节　关于服饰图案 ··· 003

　　一　服饰图案的概念 ··· 003

　　二　服饰图案的特征 ··· 003

　　三　服饰图案的设计原则 ···································· 004

　　四　服饰图案的分类 ··· 005

第三节　服饰图案设计的能力训练与知识储备 ············· 005

　　一　服装设计中图案的地位 ································ 005

　　二　服饰图案设计人员应具备的能力 ···················· 006

　　三　服饰图案设计的学习要点 ····························· 007

思考与练习 ·· 008

第二章　服饰图案的历史与风格

第一节　服饰图案的历史 ·· 010

　　一　服饰图案的起源 ··· 010

　　二　东方服饰图案 ·· 010

　　三　西方服饰图案 ·· 013

第二节　现代服饰图案的风格类型 ····························· 019

　　一　古典风格（历史风格）图案 ··························· 020

二　地域风格图案 ·· 020

三　写实风格与装饰风格图案 ······································ 021

四　现代流行风格图案 ·· 021

第三节　服饰图案的题材 ··· 022

一　具象图案 ··· 022

二　几何与抽象图案 ··· 025

三　文字图案 ··· 026

思考与练习 ··· 028

第三章　服饰图案的美感因素与构思方法

第一节　服饰图案的美感因素 ······································· 030

一　造型的美感因素 ··· 030

二　空间的美感因素 ··· 031

三　色彩的美感因素 ··· 032

四　工艺的美感因素 ··· 032

五　图案内容的美感因素 ··· 033

第二节　服饰图案设计的构思程序与方法 ······················ 033

一　构思程序 ··· 033

二　系统化的构思方法 ·· 034

第三节　服饰图案设计的灵感与素材 ···························· 034

一　来自自然启示的构思 ··· 035

二　现代科技启迪的构思 ··· 037

三　来自其他艺术形式启示的构思 ································ 039

思考与练习 ··· 042

第四章　服饰图案设计的造型与表现

第一节　服饰图案的形态特征 ······································· 044

一　写实造型与装饰造型 ··· 044

二　服饰图案的形态特征 ··· 044

第二节　服饰图案的造型设计 ······································· 045

一　具象的图案设计 ··· 045

二　抽象的图案设计 ··· 047

三　流行元素的图案设计 ··· 048

第三节　服饰图案设计的技法表现 ································· 048

一　影响技法表现的因素 ··· 048

　　二　常用的点、线、面表现技法 ·· 048

　　三　特殊表现技法 ·· 053

　思考与练习 ·· 062

第五章　服饰图案的构成

第一节　服饰图案的构成基础 ·· 064

　　一　独立式纹样 ·· 064

　　二　连续式纹样 ·· 069

第二节　服饰图案设计的构成形式 ·· 076

　　一　服装匹料图案的构成设计 ·· 076

　　二　服装件料图案的构成设计 ·· 079

第三节　服饰图案构成的空间关系 ·· 082

　　一　平面空间构成 ·· 083

　　二　立体空间构成 ·· 083

　　三　模糊空间构成 ·· 084

　思考与练习 ·· 084

第六章　服饰图案的色彩设计

第一节　色彩基础 ··· 086

　　一　色彩的由来 ·· 086

　　二　色彩的分类 ·· 086

　　三　色彩基本属性 ·· 087

　　四　色彩系统 ·· 088

第二节　色彩心理 ··· 090

　　一　色彩心理的基础 ·· 090

　　二　共同的色彩心理反应 ··· 091

第三节　服饰图案色彩设计的方法 ·· 095

　　一　服饰图案色彩的特点 ··· 095

　　二　服饰图案色彩设计的基本原则 ··· 095

　　三　服饰图案色彩协调的方案 ·· 096

第四节　服饰图案色彩设计的灵感来源 ·· 099

　　一　传统的色彩 ·· 099

　　二　自然的色彩 ·· 099

　　三　其他艺术形式的色彩 ··· 100

　　四　异域的色彩 ·· 101

五 电脑分析的色彩 ································· 101

六 图片的色彩 ······························· 102

思考与练习 ································· 103

第七章 服饰图案的制作工艺

第一节 印染工艺 ································· 106

一 直接印花 ································· 106

二 防染印花 ································· 106

三 拔染印花 ································· 109

四 其他特色的印花 ····························· 109

第二节 色织、提花工艺 ····························· 111

一 色织工艺 ································· 111

二 提花工艺 ································· 111

第三节 绣花工艺 ································· 113

一 绣花的概念 ······························· 113

二 绣花工艺的基本分类 ··························· 113

第四节 面料再造工艺 ····························· 115

一 服装面料的立体设计 ··························· 116

二 服装面料的添加设计 ··························· 118

三 服装面料的减损设计 ··························· 119

四 服装面料的 3D 打印 ··························· 121

第五节 编织工艺 ································· 122

一 服饰图案的编织材料 ··························· 122

二 编织工艺分类 ····························· 124

思考与练习 ································· 126

第八章 服饰图案的设计与应用

第一节 服饰图案的装饰部位 ··························· 128

一 整体布局 ································· 128

二 局部设计 ································· 128

第二节 针对配饰品的图案设计 ························· 132

一 装饰领、披肩、斗篷的图案设计 ····················· 132

二 包的图案设计 ····························· 133

三 鞋、袜的图案设计 ··························· 134

四 帽、手套、围巾、头巾、方巾的图案设计 ················· 135

　　　　五　领带、领结的图案设计 ……………………………………… 136

　　　　六　伞的图案设计 ……………………………………………… 137

　第三节　针对衣料的图案设计 ………………………………………… 137

　　　　一　定位 ………………………………………………………… 138

　　　　二　衣料图案设计的原则 …………………………………… 139

　第四节　有主题的服饰图案设计 …………………………………… 140

　　　　一　"主题性"服饰图案的概念 …………………………… 140

　　　　二　服装中主题性图案设计 …………………………………… 140

　　　　三　主题性图案设计方法应用研究 …………………………… 146

　思考与练习 ……………………………………………………… 148

参考文献 ……………………………………………………………… 149

致谢 ……………………………………………………………………… 150

PART1

第一章

服饰图案设计概述

第一节 / 关于图案

一 图案的概念

"图案"从字面上来讲,"图"是图样、图画;"案"是方案、依据。图案是指图画形式的方案。

关于图案的概念,雷圭元在《图案基础》中这样解释:图案是实用美术、装饰美术、建筑美术方面,关于形式、色彩、结构的预先设计。在工艺材料、用途、经济、生产等条件制约下,制成图样、装饰纹样等方案的通称。

《辞海》中的"图案"定义为:"广义指对某种器物的造型结构、色彩、纹饰进行工艺处理而事先设计的施工方案,制成图样,通称图案。有的器物(如某些木器家具等)除了造型结构,还有装饰纹样,亦属图案范畴(或称立体图案)。狭义则指器物上的装饰纹样和色彩而言。"

综合以上的内容,图案的定义可以包括以下几方面的内容:(1)图案的目的是为了造物;(2)图案以实用与美为原则;(3)图案设计要结合一定的工艺;(4)图案是图的方案,是造物的初始阶段。广义的图案包括造型、色彩与纹饰;狭义的指装饰纹样及其色彩。图案的设计虽是以图的形式表现,是美的创造,但与绘画也是有区别的,绘画是以表现为核心的思维;而设计是以造物为核心的思维。

作为艺术名词,图案与英文中的"Design"通释,"Design"一般译作"设计"。其实"Design"是个多义词,可作为名词,也可以作为动词,在中文中与之对应的词也很多。从图案的角度来讲,"Design"包含了图案的设计过程与结果。另一个与图案相关的词是"Pattern",通常是指装饰纹样。

图案从属于工艺美术,张道一称之为"工艺美术的灵魂和主脑",图案广泛地运用于装饰设计领域:建筑装饰、纺织品面料装饰、陶瓷装饰、家具装饰、服装装饰……

二 图案的起源与图案学的产生

1. 图案起源于人类的造物活动

高尔基曾经说过,人类在改造"第一自然"的同时,创造了"第二自然"——文化。作为一种文化,图案同样起源于早期人类的造物活动中。我国古代的彩陶艺术可以说是中国较早的图案艺术,从中可以了解人类童年时代对于装饰和形式美的认识与运用已达到一个相当的高度。

随着人类科学技术的发展以及人类审美趣味的提高，发展到后来出现了各种不同形式的图案。不同的工艺类别、不同的时代，以及不同的地域，图案的内容与形式也各不相同。

2. 工业革命与图案学的出现

手工生产向机械工业化生产的转化是图案学产生的条件。手工生产一般由一人或几人经过一定的工序来完成，以单件或小批量为主，生产过程也有一定的随意性，通常按照粉本或旧样加工，工艺要求与技艺以口授的方式传授。机器生产以大批量为主，有严格的工艺流程，工序分工细致，每道工序都要严格按图加工，有严格的规范和制约。手工生产到机器生产方式的转变，要求设计意图图纸化、规范化，出现了设计与制造的分工。手工时代的生产凭的是经验，没有上升为系统的科学理论，直到机器生产逐渐取代手工生产，才有了工业与艺术结合的学科，才有了后来的图案学。

第二节 / 关于服饰图案

一 服饰图案的概念

"服"作为名词是服装的意思，作为动词是穿戴的意思；"饰"作为名词是装饰品，作为动词是装饰的意思。"服饰"在这里作为名词，是指服装，以及和服装搭配穿戴的用品，如鞋、帽、围巾、手套等。

服饰图案是指服装以及搭配服装穿戴的用品上的装饰纹样。它包括依附在服饰上的装饰纹样和服饰结构形成的装饰纹样。服装是用平面的纺织品制作而成的具有空间立体造型的实用物，装饰服装的图案形式也有平面的和立体的。

二 服饰图案的特征

这里说的服饰图案的特征是与其他艺术相区别的特征。图案是需要设计的，设计是以造物为核心的思维，所以它与其他以表现为目的艺术形式有很大的区别，具有双重性、制约性与审美性的多种特性。

1. 双重性

服饰图案与其他实用美术一样，具有物质生产与精神生产的双重特性，具有物质与精神的双重价值。服饰图案的设计是服装设计的内容之一，服饰图案的主要目的是美化服装，满足人们的审美需求。另外，服饰图案也有标识的作用和象征性的寓意，比如中国古代服饰上等级标识的补子纹样、吉祥寓意的传统纹样等，这些图案的寓意与作用区别于服装的实用性，使实用的服装又同时承载了精神的内涵，所以服饰图案的设计也是艺术活动。但服饰图案又不同于纯艺术的创作，设计师的设计还要考虑到经济核算的问题，如面辅料的成本、生产的成本、产品的价格、展示促销的费用等，在一般情况下，力求以最小的成本获得最适用、最美观、最优质的设计。所以服饰图案的设计既是艺术活动，又是经济活动。

2. 制约性

服饰图案与绘画不同，绘画作品的创作，从完成之时起，其作品本身的作用也就表现出来了。而服饰图案设计的完成，只是服饰图案发挥作用的第一步，只是一个纸上谈兵的阶段。服饰图案真正发挥作用，要经过很多环节，使设计的图案呈现在服装或服饰品上，通过人的穿戴，才能最终发挥其作用。所以服饰图案的设计要受制于被装饰的服装或饰品的功能，还要考虑到工艺实现的可能性，最大限度地利用和发挥工艺、材料的优势和特点。另外，从商品的角度看，服饰图案的设计还要考虑到工艺生产的成本，材料和工艺的选择要在最大限度降低成本的基础上，达到最完美的效果。所以服饰图案的设计是受服饰功能与工艺的制约的。

3. 审美性

人们穿着服装很大程度上是因为服装具备的实用功能，除去实用功能之外，服装的审美功能是显而易见的，而服饰图案是服饰审美功能体现的重要因素。这种审美性是服饰图案的精神价值体现，也是其艺术性的体现。服饰图案是依附于服装的，它不能独立存在，所以与绘画等独立艺术相比较，服饰图案不是单纯的表现或写实，它蕴含着符合人们生理与心理需求的形式美，它是创造的艺术、浪漫的艺术，也是附丽的艺术。服饰图案的审美属性除了艺术美，还表现出自然美与社会美，它折射着人类对自然美的认识，反映了人类社会的发展，是形式美，也是时尚美的表现，所以服饰图案的设计也是服装附加值的重要体现。

三 服饰图案的设计原则

了解了服饰图案的特征，再来谈服饰图案的设计原则就不难理解了。"适用、经济、美观"是服饰图案的设计原则，也是其他实用美术设计的原则。这个原则早在 20 世纪 50 年代就作为我国工艺美术生产的原则被提出来，放到现在仍然是适用的。随着现代生产工艺的不断发展，新材料新工艺的出现，对于"人的第二皮肤"的服装来说，还需要一个绿色的理念，将健康的因素考虑进来。说到健康，一方面是指材料工艺对于身体的健康，一方面是图案内容对于心理的健康。由于服装是针对人的设计，人与人又有不同，这种不同不仅表现在外在的高矮、胖瘦、性别上，也表现在他们的经济能力、审美趣味、生活环境等方面的不同。这些不同的因素，对服饰图案设计的影响就是在坚持绿色原则的前提下对适用、经济、美观三者之间度的把握。有的设计要从经济的角度出发，有的设计要注重适用性，有的设计可能更侧重于美的方面。不同的穿着对象、不同的场合、时间，对服饰的要求不同，针对这些不同，服饰图案也要有不同的定位。

四 服饰图案的分类

由于服饰图案题材形式多样，运用在服饰上也各有不同，并且受到工艺的制约，所以服饰图案的分类也就不能一概而论，不同的视角有不同的分类。

1. 按空间形式来分类

依据空间形式来分，有平面的服饰图案与立体的服饰图案。平面的服饰图案主要是指面料的装饰图案，平面的图案装饰改变的是面料的视觉效果，不会改变面料的平面形态，如面料上的印花图案。立体的图案是指对面料进行结构形态的再造而形成的装饰纹样，如褶皱的排列形成的图案、立体花、蝴蝶结等，还有用珠片堆绣等形成的半立体的装饰纹样都属于立体形式的服饰图案。

2. 按构成形式来分类

服饰图案按构成形式来分，可以有独立式与连续式两类。独立式是指可以单独运用的完整形式，如 T 恤衫胸前的单独纹样。连续式的图案是指一个单位纹样不断循环反复排列形成的图案，如花边图案。关于图案的构成形式，后面的章节有更详细的介绍。

3. 按加工工艺来分类

服饰图案是受到加工工艺的制约的，不同的加工工艺有不同的图案特征。按照服饰图案的加工工艺来分，有印染图案、编织图案、刺绣图案、手绘图案、拼贴图案、绗缝图案等。

4. 按题材来分类

服饰图案按题材来分类，有花卉图案、动物图案、几何图案、风景图案、人物图案、肌理图案等。

第三节 / 服饰图案设计的能力训练与知识储备

服饰图案与其他工艺美术类的装饰图案的艺术内涵是一致的，规律是相通的。服饰图案的设计要求设计师具备较强的设计能力和知识储备。

一 服装设计中图案的地位

在发展成熟的服装市场，产品工序的分工明确且细致，各个环节像链条一样一环扣一环，图案的设计是这个链条中不可缺少的重要环节，从图案设计的环节来说，有时是先设计面料图案，

第一章 服饰图案设计概述

而后根据面料及图案来设计服装；也有先设计服装，然后根据服装有针对性地设计图案。无论是先设计服装，还是先设计图案，图案的设计总归是非常重要的，这种重要性主要表现在满足穿着者的爱美之心上，而且往往也是服装附加值的重要体现。

服装服饰由于品种多、流行周期较短，图案设计工作也就显得越发关键。设计的目的是生产，设计是生产的前提，也是生产的依据，对于服装的生产具有统领和规范的作用。设计的图样要体现产品的特点、风格，以及生产技术方面的要求。设计的优美、规范、准确程度直接影响产品的质量，以及市场占有率的状况。恰到好处的服饰图案设计会给商家带来巨大的回报，反之则造成巨大的损失。

二 服饰图案设计人员应具备的能力

服装市场的竞争很大程度上是设计的竞争，是设计人才的竞争。设计师的素质水平直接影响设计作品的水平。下面就设计师应具备的能力做一些分析。

1. 创意构思能力

创意构思的能力与观察力、记忆力、想象力有关。观察力的敏锐程度、形象记忆力的准确程度以及想象力的丰富程度，很大程度上影响整体构思的创新性与合理性。恰当的观察方法可以帮助形象的记忆，整体的观察方法便于事物特征的把握与概括，细节的观察便于丰富装饰对象。图案的造型需要这种概括、夸张、丰富的能力。这种能力来自观察的习惯与方法，同时，这种能力可以启发设计的想象与构思，而想象力又是创新性的重要来源。

2. 形象表现能力

表现力是指造型能力、色彩搭配能力、构成技巧与方法、空间形态的塑造能力。设计中通常会出现这种情况：想得到，画不出；或者是画得出，而做不出。出现这种情况有两种原因，一是构思过程中对形象的想象创造模糊，所以表现不出来；二是实际的动手能力上的局限性（现代设计的表现能力包括手绘能力、计算机操作能力、面料和辅料的再塑造能力等），这方面的局限性是可以通过一定的专业训练来改变的。

由于现代计算机辅助设计的普及，搬抄拼接花样的现象变得频繁而普遍，使设计的纹样失去了韵味和观赏价值，从而导致产品质量的下降，从长远的角度说，使设计没有了发展的后劲。所以手绘的表现能力与功底是设计者必须具备的，是原创设计必须具备的基础，即便是运用计算机绘画，如果没有手绘的基础，计算机同样绘不出来。拥有形象表现能力才能保持长久的生命力与艺术价值，而计算机应该成为设计的辅助工具。

3. 审美能力

审美能力是一种综合素质的体现，是对生活素材的感受与选择，对艺术的欣赏、鉴别，以及文化修养。这种能力直接影响设计作品的美感程度。设计不仅要满足消费者的审美需求，同时要引导消费者的审美取向。设计本身是一种美的创造，所以设计师要懂得什么是美，然后才能创造美，所以从某种程度上讲，设计师也是艺术家。

4. 适应能力

适应能力是指对消费市场、消费对象、流行趋势以及生产工艺变化的适应能力，也可称为应变的能力。服装设计中图案的时尚性并不存在于题材上，而在于色彩组合与处理手法是否融入时尚的元素，从而表现出的某种风格。"简约""奢华""乡村田园""温馨""浪漫"等风格，需要考虑图案色彩的搭配、面料质地与款式设计等的有机结合。这种把握时尚的能力，也是一种综合能力，这种能力是建立在不断学习的基础上的。只有不断学习，把握流行动向，了解服饰图案工艺技术的发展等诸多方面的变化因素，才能有的放矢地设计与时俱进的产品，保持设计的新鲜度。

三 服饰图案设计的学习要点

服饰图案设计的学习是一种技术的学习，同时也是对艺术领悟能力与流行把握能力的培养。技术的学习主要是指装饰基础的训练；艺术的领悟能力与对流行的把握能力则是建立在大量的知识储备的基础上的。

1. 装饰设计的基础知识

装饰基础包括设计理论与设计技能。如形式美的研究、装饰造型的手法、表现的技法、色彩运用、面料再造的基础工艺，以及电脑设计软件的运用等。装饰基础训练的是设计经验、设计方法和基础工艺，这种训练是为以后的专业设计建立基础的。

2. 服饰图案实现的工艺知识

服饰图案设计，首先要了解诸如印染、扎染、蜡染、刺绣、编织等不同的图案制作工艺，以及不同工艺的图案特点，掌握不同生产工艺的不同表现技法。这里的表现技法与图案设计基础知识中讲到的表现技法是有区别的。设计与工艺技术的脱节只能使设计留于纸面，失去设计的实际意义。一个成功的设计不仅包含设计师的艺术修养，也包含着设计者对材料、工艺的深刻研究与领悟。所以对工艺技术的学习，是设计者必须具备的专业素质。

3. 其他艺术形式的学习和借鉴

现代服饰图案设计正以全新的观念和优美的造型与现代艺术风格相交融。现代艺术、中外各民族民间优秀装饰艺术风格多样，文化内涵丰富，学习这些艺术对设计者来说是培养艺术修养、积累艺术知识的重要手段，无形中开拓设计的思路，从而提升设计作品的文化内涵，增强设计的艺术感染力，闭门造车的设计是枯燥而缺乏生命力的。

4. 市场与信息

服饰图案的设计要与市场的需要相结合，服装设计是随着季节的变化而不断更新的，要及时掌握服饰图案、色彩、风格的流行趋势，以便在市场竞争中立于不败之地。市场竞争的本质是设计的竞争，所以对市场要有敏锐的判断力，这不是一朝一夕的功夫，是长期观察实践而积累的经验。

　　以上总结是针对广义的服饰图案设计所要具备的能力与学习要点。知识的储备大体可以分两种方式，一种是广泛的学习积累，这种积累潜移默化地提升我们的整体专业素质。还有一种积累，是在实际的工作过程中，缺什么学什么的积累，这种根据实际需要的学习是有明确目的的学习。因此，服饰图案的学习，就不仅是课程上的学习，事实上课后的自主学习与持续的学习能力更加重要。

思考与练习

　　1.服饰图案的艺术内涵是什么？

　　2.图案对于服装与服饰有哪些作用？举例说明。

　　3.服饰图案设计的原则是什么？

PART2

服饰图案的历史与风格

第二章

第一节 / 服饰图案的历史

一 服饰图案的起源

服饰图案是依附于服装或饰品的，所以服饰图案的起源应该在有织物之后。从考古发掘来看，人类早期的织物都是素面的，没有图案花纹。在历史演变中，从什么时候开始有织物的纹样没有具体的时间点。考古发现的最早的有图案花纹的织物据说是南美安第斯山脉出土的公元前 2000 年前的织物。埃及出土的有花纹的织物最早是公元前 1450 年左右的。

从运用图案的历史角度来讲，在没有服装之前，纹样已经开始装饰人体。古代社会迷信咒术，"纹样是代替文字的一种有效的视觉语言"，将一些色彩图形涂抹在身体特定的部位，具有象征性的标识作用，后来发展成了文身——在身体上刺画有色的花纹。在原始社会里，文身与佩饰是装饰人体的主要形式。织造工艺的发展，使织物逐渐成为人体的"第二皮肤"，于是纹样从人体逐渐转移到织物上，成为装饰织物的重要内容。这里有一个关键，就是织造技术与印染技术的发展，没有这些技术，服饰图案也是空谈，所以服饰图案的发展，无论是内容还是形式，都是与工艺技术密不可分的。

由于各个地区地理环境的不同，人种的不同，文明发展的进程不同，造就的服饰图案从内容到形式也就各不相同。

二 东方服饰图案

这里的东方服饰图案主要是指以华夏文明为代表的，也包括周边国家地区的服饰图案。

中国服饰图案的历史，应该可以追溯到服装的起源。出土的商周时期的丝织物已有简单的几何图案的提花（如回纹），并且能够利用多种矿、植物染料染色，能够染出黄、红、紫、蓝、绿、黑等色彩。长沙马王堆汉墓出土的纺织品中就有提花织物、锦和刺绣，纹样的内容有云气纹、花卉、茱萸纹、方棋纹、杯纹、对鸟纹、几何纹等（图 2-1）。纹样的精美程度令人叹为观止。之后的唐代是一个文化自信的时代，也是服饰图案发展的一个繁荣期，对外来文化兼收并蓄，并形成了独特的时代风格，唐代的代表性丝织纹样有：联珠纹、团窠纹、卷草纹、对称纹、几何纹等，丰满、圆润、华贵成为唐代服饰图案的特征（图 2-2）。这个时期的文化对周边国家地区的影响甚远，尤其是日本。到了宋代，服饰的审美趋向清雅，风格上转向内敛含蓄（图 2-3）。明清时期是吉祥文化的鼎盛时期，服饰图案也讲究"图必有意，意必吉祥"。有梅兰竹菊、龙凤呈祥、五福捧寿等，形成了很多固定搭配的图案形式（图2-4、图2-5）。不同的场合，服饰上的图案有不同的讲究。这个时期的图案对欧洲巴洛克、洛可可风格的图案内容和样式也产生过影响。

图2-1　汉·刺绣纹样

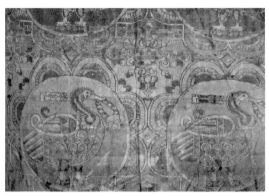

图2-2　唐·红地含绶鸟纹锦

图2-3　宋·花卉纹锦

图2-4　明·绒地绣寿纹

图2-5　清·八达晕纹锦

中国传统的服饰图案形式与古代服装的形制是分不开的。传统服装的裁剪是平面的裁剪，宽大而藏身形，图案的装饰也以平面的形式为主，装饰部位一般为前胸、后背、领、襟、口、摆等部位，花纹精致，工艺多样（图2-6）。

图 2-6　近代绣花袄

　　受到中华文化影响的日本服饰图案也形成了自己的特色，日本和服图案纹样——友禅纹样是较具代表性的，它将多种题材以复合方式组合。题材有：松鹤、扇面、樱花、龟甲、红叶、青海波、竹叶、秋菊、牡丹、兰草、梅花等，表现方式有：印染、手描、刺绣、扎染、蜡染、揩金等（图 2-7、图 2-8）。

图 2-7　友禅纹样

图 2-8　日本和服纹样

印度的服饰图案也是东方服饰图案的重要组成部分，17世纪印度萨拉萨花布以其绚丽缤纷的色彩、异国情调的图案、轻薄柔软的质地赢得欧洲人的青睐，并对西方的服饰图案产生了深远的影响。印度服饰中最有特色的是纱丽（Sari），纱丽的图案通常以花卉和几何图形为特色（图2-9）。据说西方流行的佩兹利纹样就来自印度，其起源一般认为是印度生命之树菩提树叶子的造型，我们也称之为火腿纹或松果纹。

图2-9　印度服饰

三　西方服饰图案

所谓西方服饰图案，主要是指以欧洲为代表的，也包括美洲、非洲等地区的服饰图案。西方服饰图案有着与东方服饰图案不同的风格特点。这里试图从历史的纵向发展和不同地区的横向对比，梳理出具有时代特征和地方特色的服饰图案。

1. 古埃及纹样

公元前3000年之前，古埃及就有了织锦的技术，从考古发现来看，服装上图案的题材主要有几何纹、神话人物、植物纹等，因为是织造图案，所以纹样的装饰性风格较突出。如图2-10是一幅古埃及肩挂的图案，上面有半人半马的造型，有孩童、水果，正方形的布局均匀。古埃及墓室建筑的装饰纹样在后来的欧洲文艺复兴时期织物的纹样设计中得到了再度的发展与运用。如古埃及典型的棕榈树、纸莎草和各种花卉纹

图2-10　古埃及肩挂

（a）壁画人物　　　　　　　　　　　　　（b）植物

图2-11　古埃及风格图案的丝巾（19世纪欧洲）

样，还有具有埃及特色的壁画人物造型等，都被运用到了纺织品的纹样设计中（图2-11）。

2. 印加纹样

印加纹样是古秘鲁地区的印第安图案，是美洲图案艺术中最富有魅力的一部分，印加纹样以直线表现的方式为特色，因为纺织直线比曲线来得容易。印加纹样中，无论什么题材，都能概括成直线和折线的形式，形成多元的角形纹样，排列上也多采用直线或横条，用色单纯且纯度高（图2-12）。图2-13为15世纪印加叠石几何纹织锦，这种抽象的图案对欧洲20世纪的新艺术样式产生过很大影响。

图2-12　印加纹样　　　　　　　　　　　图2-13　15世纪印加叠石几何纹织锦

3. 非洲纹样

非洲的纺织品比较有特色的是"条纹布"，是由一些狭长的布料拼接而成的，形成条格和几何形纹样，图案的布局非常复杂（图2-14、图2-15）。另外非洲蜡染和扎染图案也是非常有特色的，纹样的题材广泛、造型抽象，纹样具有宗教、民族、图腾的文化内涵，图案质朴的造型与象征寓意增添了非洲纹样的神秘感（图2-16）。

非洲民族服饰纹样典型的有康加纹样、基高纹样、基坦卡纹样等。康加是非洲的民族服饰，一种用来包裹头肩和身体的矩形织物。康加纹样布局严谨，表现为规律性重复的构成形式，四边有条纹；基高是非洲民族的一种筒裙，其纹样常采用蜡染的方式处理；基坦卡纹样，也是一种非洲蜡染织物纹样，纹样题材丰富，造型粗犷奔放，纹样布局以散点排列、条状排列和格形为主。

图2-14 非洲服饰

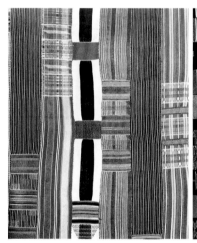 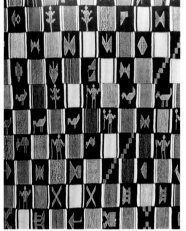 

图2-15 非洲条纹布　　　　　　　　　　　图2-16 非洲印花布纹样

4. 波斯纹样

波斯，即今天的伊朗地区，16~18世纪是其装饰艺术发展的辉煌时期，波斯纹样是一种鲜明的伊斯兰装饰风格的纹样，在伊斯兰世界深受欢迎，并广泛流传，表现为以植物花卉为主题的藤蔓缠绕形式和以几何造型为主题的规矩纹样形式，还有对鸟对兽的对称布局形式（图2-17）。波斯纹样对19世纪欧洲纺织品纹样设计产生了深远的影响，是设计师的重要灵感来源之一。这种纹样的风格也曾对我国纹样的发展产生过影响，比如唐朝的陵阳公样的图案样式。

5. 巴洛克和洛可可纹样

这里的巴洛克和洛可可纹样是指欧洲17、18世纪的服饰纹样。17世纪的欧洲服饰与巴洛克艺术具有相同的含义，无论男装还是女装都注重豪华装饰。蝴蝶结、领带、花边等装饰纷繁耀眼，图案以自然花卉为主要题材，莲花棕榈叶构成的涡卷纹、莨苕叶卷曲纹饰成为这个时期纹样的代

（a）几何形　　　　　　　　　　（b）植物花卉　　　　　　　　　　（c）对鸟图

图 2-17　波斯纹样

表。花边图案也是这个时期的一个特色。

　　18 世纪华丽而充满绘画感的丝绸织物花卉纹样是洛可可服饰纹样的代表。17 世纪欧洲涌现了许多专门以花卉为题材的画家，提高了人们对花卉的钟爱度。花卉纹样也因此出现在印花织物上，并且发展成染织纹样的主角。"无论是开放在花园、原野中的花卉或是植物学书中的花卉，都按实际模样和色彩真实地表现在丝织物上"，洛可可时期是图案的"花卉帝国时代"。洛可可样式的纹样具有女性的、轻柔的、曲线的等特征，它把优雅、华美、烦琐的装饰样式发展到了极致（图 2-18）。

（a）女装　　　　　　　　　　　　　　　　　　　　（b）男装

图 2-18　洛可可服饰纹样

6. 朱伊纹样

17 世纪，印度的印花布在欧洲地区流行，畅销的印度花布促进了欧洲印花业的兴起。1760年朱伊印花工厂创立。朱伊是法国巴黎北部的小镇，之后因纺织技术的发展而闻名。朱伊工厂在印花技术和印花纹样上做出了巨大的贡献。朱伊纹样的特点是写实化、情景化，空间感强。题材上主要描绘以风景为主题的人与自然的情节，并以椭圆形、菱形、多边形、圆形构成各自区域性中心，其内配置人物、动物、神话等古典主义风格的内容。图案不仅有层次感，而且还首创了透视原理的空间性质在平面设计中的应用，成为法兰西印花业的代表样式（图 2-19）。

（a）1781 年　　　　　　　　　　（b）1809 年

图 2-19　朱伊纹样

7. 苏格兰的格子纹

苏格兰的格子纹源于一种叫"基尔特"的古老服装（苏格兰方格裙）的用料。这种从腰部到膝盖的短裙，用连续的大方格花呢制作。一套苏格兰民族服装包括：一条长度及膝的方格呢裙，一件色调与之相配的背心和一件花呢夹克，一双长筒针织厚袜。裙子用皮质宽腰带系牢，下面悬挂一个大腰包，挂在花呢裙子前面的正中央，有时肩上还斜披一条花格呢毯，用卡子在左肩处卡住（图 2-20）。这种格子面料有的以大红为底，上面是绿色条纹构成的方格；有的以墨绿为底，上面有浅绿的条纹；有的格子较小，有的格子较大；有的鲜艳，有的

图 2-20　苏格兰方格裙

素雅。苏格兰高地的居民在喜庆联欢会时，总是穿上漂亮的方格裙，吹奏欢快的风笛，跳起他们民族的舞蹈。据说，英国苏格兰格子代表着不同的苏格兰家族，在17世纪和18世纪的苏格兰高原部落之间的战争中，格子图案用来辨认敌我。19世纪这种格子装饰图案再次获得新生，并且影响至今，现在苏格兰格子已成为英伦复古风格的重要元素。

8. 佩兹利纹样

19世纪的佩兹利纹样源于印度克什米尔地区的披肩纹样，在英国佩兹利纹样被西方化，成为独具特色的成熟花型。以纤细的植物纹样组成"松果纹样"（火腿纹）为主要特征，纹样细密，繁复豪华（图2-21）。

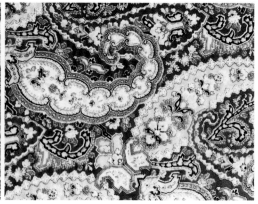

图2-21　佩兹利纹样

9. 19世纪的欧洲纹样

19世纪以工业革命为起点，人类文明的进程开始加速，交通、通信变得便捷，人们视野更加开阔，引发了对自然界、对东方民族文化的进一步探索，装饰设计的理念和审美在这个时期发生了很大转变，国际性的博览会推动了这种变化的发生。这个时期印花技术的革新与发展、化学染料的发明使这个时期的棉布印花盛行，印花题材有自然花卉、异国鸟禽、棕榈树、卷草纹，以及异国情调的题材等，写实主义风格的纹样刻画细腻，层次丰富。

这个时期值得一提的是欧洲工业革命之后的工艺美术运动和新艺术运动，为这个时期的纺织品纹样创造了丰富的具有时代特征的样式，产生了大批的纹样设计。威廉·莫里斯——工艺美术运动的代表人物，他为许多生活用品做了大量的设计。莫里斯的纹样主要表现植物和自然的富于变化的生动形象，经常采用田园景色中的鸟儿为设计主体，结合百合花、金银花、茉莉，以及雏菊作为装饰元素（图2-22）。莫里斯设计的纹样被广泛地用于纺织品、日用品的装饰。新艺术运动成就的新艺术纹样是19世纪80年代到20世纪初在欧洲流行的装饰样式。追求新的自由的自然主义，用形态上的曲线表现植物的生长感以及曲线延伸的韵律感，通过线条的运动来增强装饰性（图2-23）。新艺术纹样试图摆脱对过去样式的模仿，同时广泛吸收异国流行的元素，比如东方的艺术形式。

| （a）1883 年 | （b）1873 年 | （c）1862 年 |

图 2-22　威廉·莫里斯设计的纹样

| （a）1897 年 | （b）1903 年 |

图 2-23　新艺术纹样

第二节 / 现代服饰图案的风格类型

　　服饰的风格是经过时间的沉淀而形成的一种规范化的形式，是一定区域范围内、阶段时间内的流行样式。服饰图案的风格是指服饰图案呈现出来的造型、色彩、表现手法、布局等视觉要素的总体特征。服饰图案的风格有不同分类，可以从历史发展的角度分；可以从区域的差别来分；

也可从表现的技法上来区别风格特征。由于艺术表现具有共性的特征，服饰图案风格也会借鉴其他艺术的风格，所以服饰图案的风格描述也丰富多样。设计师对服饰图案风格的了解，有助于对整体设计风格和流行趋势的把握。以下是对常见的服饰图案风格的分类介绍。

一 古典风格（历史风格）图案

古典，字面上是指古代的典型、典范。服饰图案的古典风格是指历史上出现过的视觉艺术形式的再现，所以也可以称为历史风格，这种再现并非完全的重复，而是具有现代意义的历史风格的再现。古典风格又有欧式古典与中式古典。

1. 欧式古典

现代服饰图案的欧式古典风格主要是指对罗马风格、哥特式风格、文艺复兴风格、巴洛克风格、洛可可风格、新古典主义风格图案在服装上的再现，这种再现是创造性的再现，而非简单的复制。纹样上有欧洲传统的巴洛克的莨苕叶、洛可可的花草、苏格兰的徽章等；在色彩上，经常以白色系或黄色系为基础，搭配墨绿色、深棕色、金色等，表现出欧式古典风格的华贵气质。营造的是一种华丽、高贵、温馨、奢华的气氛，给人端庄典雅、高贵华丽的感觉，具有浓厚的文化气息。

2. 中式古典

现代服饰图案中的中式古典，处处体现着中华文化的含蓄气质。中国古代纹样的时代性特征比较明显，如唐卷草、宋青花、明清的吉祥纹样等，还有缠枝纹、折枝花、团花等，这些都是中式古典的素材元素。中式图案注重吉祥含义，蝙蝠、鹿、鱼、鹊、梅、石榴、鸳鸯、松、鹤、博古是较常见的装饰图案，这些纹样都有特定的含义，被用在不同场合的服饰中。中式古典的纹样造型饱满，结构严谨，色彩含蓄，一般是具有一定灰度的色彩，色调柔和高贵。

二 地域风格图案

地域风格的设计主要指以特定文化和地域特征为灵感的图案设计。地域风格涉及的范围较广，一定程度上也可以称为民族风格，是设计师通过对某个地域或民族的文化特色的了解而引发了创作冲动设计出来的图案，这种图案往往具有明显的地方特征和民族特色。前面提到的非洲纹样、印加纹样、波斯纹样就是具有鲜明地域风格的图案，而佩兹利纹样是在印度与波斯文化的影响下发展而来的，所以地域风格纹样的成因也不是单一的。

服饰设计中地域风格的图案应用很广泛，来源也很丰富。现代服装设计中的波希米亚风格、田园风格等也是地域范围里发展出来的流行风格。这种图案的设计是为满足现代人对异域情调的猎奇和热情，给人们带来一种生理与心理上的满足，将异域的浪漫情怀与现代人对生活的需求相结合，反映出时代个性化的美学观点和文化品位以及现代人的情感。

三　写实风格与装饰风格图案

写实风格与装饰风格是从图案的造型、色彩等形式因素上来做的风格分类。

1. 写实风格

写实主要是指图案的造型与实际物象的形态比较接近，突出立体空间关系的表现，在二维平面空间中追求三维空间的视觉效果。这种风格分为图案化写实风格和照相写实两大类。图案化写实风格是指运用图案化的表现手法处理过的形象，仍然保留有立体的造型特征，色彩的运用上也有空间层次。照相写实主要依赖现代照相技术、图片处理技术和数码印花技术，图案形象与实际形象高度一致，有的甚至就是照片的直接运用。

2. 装饰风格

装饰风格图案是运用平面化处理手法，对物象进行主观化的处理，包括形的主观平面化与色彩的主观平面化。

写实风格与装饰风格有各自的特点，但在实际的图案设计中有时区分并不是那么明显，比如在造型上是写实的，表现手法上是平面化的；比如将勾线、平涂的手法用在立体的造型上。所以写实与装饰的风格有时还要看图案整体感觉上更倾向于哪一种。

四　现代流行风格图案

现代流行风格图案主要是指在现代各种流行因素的影响下形成的各种风格图案，如受流行音乐影响的朋克风、街头风；受人类登上月球探索宇宙影响的宇宙风；受现代艺术风格影响的欧普风格、超现实主义风格、后现代风格。这些图案具有明显的时代感和流行性特征（图 2-24）。

图 2-24　现代流行风格图案

1. 朋克风

源自 20 世纪六七十年代的摇滚音乐风格，后来成为一种另类的服饰潮流。作为一种服饰图案风格，它在内容上采用骷髅、美女等非传统的题材，色彩上用红黑、黑白、蓝白、红绿的等搭配，体现一种与众不同的叛逆精神。

2. 街头风

源自街头音乐的一种图案形式，以涂鸦和矢量化表现人物、字母、几何纹、复古纹样等，体现一种野性，是一种标新立异的叛逆形式。

3. 宇宙风

受人类探索太空热潮的影响而形成的一种风格，这种服装风格突出宇航服的特征，具有光泽感或透明感，以黑色、银灰色、白色等色为主，图案以有硬度的大块几何形为主，体现一种科技感与神秘感。宇宙风也给纺织品图案带来了更多太空题材的设计。

第三节 / 服饰图案的题材

服饰图案的题材丰富多样，尤其现代服饰图案，更是包罗万象，自然物、人造物，具象的、抽象的，再通过主观的形式上的加工，使得服饰图案更加眼花缭乱。

一 具象图案

1. 植物花卉图案

植物图案包括花卉、果实、树、藤、叶等取材于植物的内容。植物图案是服饰图案设计中用得最多的题材，尤其是花卉图案从内容到形式都相当丰富，世界各地的纺织品图案几乎都有花卉的内容。植物象征自然，花卉象征美好，对自然和美好的追求大概是植物纹样被大众喜爱的重要原因。植物图案的设计可以具有年代感，也可以具有时尚感（图 2-25 ~ 图 2-27）。

2. 动物图案

动物图案是以自然界的鸟、禽、兽、鱼、虫等为题材的图案。这种图案在纺织品中的运用与动物本身的象征寓意有很大关系。比如在中国古代，鱼象征年

图 2-25　服饰中的花卉图案

图 2-26　花卉图案

（a）蔬菜　　　　　　　　　　（b）水果　　　　　　　　　　（c）树叶

图 2-27　植物素材的图案

年有余，鸳鸯象征夫妻恩爱，老虎象征虎虎生威等。古代还有由动物图腾创造演变出来的图案，如龙和凤，这种图案在服饰上的运用有一定的局限性。现代服饰图案中动物形象的设计与设计主题有关，表现上有追求趣味性的、追求流行性的、追求标识性的、追求怪诞的等（图2-28、图2-29）。总体来说，用于服装图案的动物是有选择性的，这也与穿着者的心理接受度有关。

图 2-28　动物图案　　　　　　　　　　图 2-29　动物图案的服饰

3. 人物图案

人物图案在服饰中的运用不是非常广泛，人物通常放在场景里，作为图案场景的一部分，比如故事场景，生活场景；或是有主题的人物动态设计，比如舞蹈主题、项目运动主题（图2-30）；也有用人物的局部图形用于服饰图案的，比如头像的设计（图2-31）。

图 2-30　人物图案　　　　　　　　　　　　图 2-31　人物图案的提包

4. 风景图案

风景图案包括山、石、云、水、树和建筑等元素，以及这些元素组成的场景。风景题材的服饰图案，中外服装中都有，前面讲到的朱伊纹样就有很多写实的风景或场景。中国古代的服装中也有很多风景题材的图案，有的取材于自然风景，有的是亭台楼阁，还有戏剧场景、生活场景等。现代服饰中风景图案的形式更是多样，有的甚至直接把风景画搬到了服装上（图2-32）。

（a）青绿山水的风景图案　　　（b）速写形式的风景图案　　　（c）照片形式的风景图案

图 2-32　风景图案的服饰

5. 其他具象图案

除了以上讲到的具象图案，事实上还有很多其他的具象图案，比如邮戳、服饰、器皿、乐器等（图 2-33~图 2-35 ）。

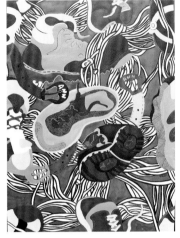

图 2-33　邮戳图案　　　　　　　图 2-34　鞋与鞋带图案　　　　　　图 2-35　十字架图案

二　几何与抽象图案

服装上常见的几何图案有点、条纹、格纹，另外还包括各种规则和不规则的几何形，以及肌理图案（图 2-36、图 2-37 ）。几何图案的形式也是相当丰富，单纯形的设计与形的组合排列，加

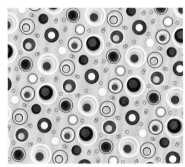

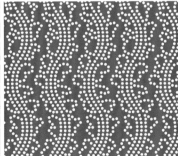

图 2-36　几何图案

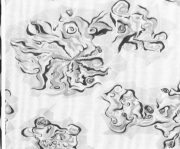

图 2-37　抽象图案

上色彩的变化，可以创造无穷的视觉效果。有的民族的服饰图案就是以几何形为主要内容的，如印加纹样、苏格兰方格纹样等。肌理图案作为抽象图案的一个类别，看起来更具偶发性。几何抽象图案在服饰上的运用相当普遍（图2-38、图2-39）。

图 2-38　几何抽象图案的服饰

图 2-39　几何图案的服饰

三　文字图案

文字图案指以文字为素材的图案。不同的地区、民族有属于自己的文字，文字作为沟通的符号，不仅具有内涵，也同样具有形式的美感，因此成为图案的一个重要题材。文字图案的设计注重形式感的同时，有的也注重文字的内容。比如中国古代文字图案中大部分都具有吉祥的含义，比如"福、禄、寿、喜"在纺织品中的运用，而现代纺织品上文字的设计更加注重形式感，比如单纯的字母图形设计、报纸排版形式的文字设计等（图2-40）。由于文字有不同的书写体，为文字的造型变化提供了更多的依据，文字的不同组合、色彩的变化，以及与其他素材的结合运用，使服饰图案中文字的运用形式更加丰富（图2-41）。

图2-40　文字图案

图2-41　文字图案的服饰

这一章节对服饰图案的历史、题材以及风格做的粗略梳理，旨在启发对服饰图案学习途径的思考，开拓设计者的思路，对后面服饰图案设计的实践有一定的指导。

思考与练习

1．选择一个时期、一个地区或一个民族，收集其纺织服装的图案，归纳总结其特征。

2．临摹两幅不同风格的中国古代纺织品图案。

3．收集当季的流行资讯，包括面料、图案、色彩等内容的流行趋势。

第三章

PART3

服饰图案的美感因素与构思方法

服饰图案设计时需要根据特定的条件，事先进行构想与酝酿，把平时积累的素材按照服装设计者的意图加工形成初步形象，这个过程我们称为构思。构思是设计的第一步，对设计作品成败具有重要意义。我们生活的自然环境与社会环境为我们提供了无数的形象与素材，这些都是我们设计的灵感来源。一般来说对这些形象的印象与感觉，是表面的、肤浅的，构思的作用就是使感觉到的素材通过思维增强理解，设计构成比较具体完善的形象。构思同时也贯穿于整个设计过程，从题材的选择、风格的酝酿、构成形式的确定、色彩技法的表现，到材料、生产工艺，构思中都会涉及。

服饰图案美感因素是服饰图案设计的前提。从某种程度上讲，服饰图案是以美为目的的，所以服饰图案的构思是美的创造过程。

第一节 / 服饰图案的美感因素

美感，是一种心理感受，强调的是一种心理体验。服饰图案的美感主要来自感官传递的信息，从而引发一种心理上的感受。从心理的需求角度来讲，美感的获得与形式上的多样与统一的协调程度有关，过分的多样与过分的统一都会造成不适或乏味。从设计的角度讲，美感的获得与图案的造型、空间布局、色彩搭配、工艺手段的运用，以及与服装款式的协调有关。这里我们就从这几个方面来分析服饰图案设计中的美感因素。

一 造型的美感因素

造型的美感因素属于视觉的范畴，通过视觉的感受来产生美感。造型包括形态的外部轮廓与内部结构，是服饰图案的重要因素，也是图案的构成与色彩的依据。从形式美的角度来讲，有以下形式。

1. 对称

对称又称"均齐"，是常用的造型形式之一。对称是指视觉中心两侧，或上下，或左右呈镜照一般的对应关系。对称作为一种美感形式有其客观的根源。自然物象的结构通常是对称的形式，如人、动物、植物的花叶等，从结构上来看都具有对称的特性。对称的形式具有稳定而庄严的特性。图案中的对称形式严谨而饱满，很多经典花型的造型都是对称的，如波斯纹样、联珠纹样等。

服饰图案中对称的形式与人体的对称结构有较大的关联。

2. 均衡

均衡又称"平衡"，是指视觉中心两侧的视觉要素分量相当，而达到一种心理上的稳定感。图案的均衡是一种心理的判断。可以说，对称是平衡的绝对形式。绝对形式往往更具约束感、秩序感，而变化多样的平衡形式更具活泼生动的特点。自然物象的运动状态通常是平衡的。平衡为对称提供了更多变化的可能性，能够适应更多人的心理需求。

二 空间的美感因素

服饰图案的设计讲究空间的布局，空间布局很大程度上影响视觉的美感，不同款式的服装，可设计的图案空间的形状、大小都不一样，而图案大多又是通过形的组织来形成的，空间上形的位置、形的大小、形的疏密、形的方向等都是形的空间关系的表达内容，从美的经验上来说，讲究主次、呼应、节奏、韵律、对比与调和。

1. 主次

主次是指空间关系上的秩序，要有视觉中心或主体花型、主体色彩。突出主体的方式有多种，比如通过位置的安排来分主次，主要的放在视觉中心的主要位置；再如通过面积的大小来分主次，面积大的会成为视觉的主体；还可以通过色彩的运用来分主次，主要的色彩纯度高，次要的色彩纯度低。

2. 呼应

呼应是指空间关系上要有联系，不能孤立，无论是形还是色都要有呼应。通过形的重复出现，或是色彩的重复出现，来建立空间上的左右、上下等位置的联系。呼应可以让设计更加整体。

3. 节奏

节奏是指空间关系上形成的一种规律。节奏是客观事物运动的重要属性，具有"整一"的运动特征，是一种合乎规律的制度化的运动形式。从表现形式上看，图案的节奏有重复节奏和渐变节奏。

4. 韵律

图案的韵律是建立在节奏的基础之上的，节奏是简单的重复，而韵律是富于变化的节奏，是"既有内在秩序，又有多样性变化的复合体，是重复节奏和渐变节奏的自由交替"。

5. 对比

对比是变化的一种形式，强调在艺术造型中某些要素性质相反时所产生的差异性。诸如形态的大小、虚实、疏密，色彩的灰艳、深浅等均属于对比。对比可以突出图案某部分的个性特征，使其在视觉上更加强烈突出。对比的空间关系可以使画面更加生动而富有变化。

6. 调和

调和是指空间关系上的一致性，造型诸要素之间有十分明显的协调性。统一性在其中得到了高度的表现。常用的方法有相似、类同。调和的空间关系是一种有秩序有条理的形式，在视觉上达到和谐宁静之感。

空间的美感形式不是绝对的，不同的空间布局，视觉效果上会有很大的差异。空间的布局还要与服装的形态与面料的质地相适应。从服饰图案的设计程序上来讲大体有两种，一种是先设计面料的纹样，然后根据面料来设计服装；另一种是先设计服装，然后针对具体服装来设计纹样。不同的设计程序，面对不同的设计空间。

三 色彩的美感因素

服饰图案的色彩设计有两个特点。一是有较高的自由度，用色主观性强，可以不考虑自然的色彩真实性，完全从装饰角度来设计，通过色彩的对比、夸张、渐变、模糊等手段来创造各种迷人的色彩，这是图案色彩魅力所在。二是有限制性，讲究用有限的色彩，表现丰富的效果。这是受到生产工艺方面的制约，比如丝网印花，一色一版，从经济的角度讲，用色不宜过多，所以色彩要高度概括与提炼，这也是图案装饰性的重要特征。

随着现代印染工艺的发展，这种工艺上的限制也在逐渐被突破，比如现在的数码印花可以像喷墨打印机一样把花纹印在面料上，这种不再受制于套色数量的印花方式，使得绘画、摄影作品都能成为面料的纹样，也使得现代服装的图案风格更加多样化。

无论是装饰性的色彩，还是写实性的色彩，图案色彩的美感因素主要体现在视觉上的协调性。这种协调性在于对设计色调的把握。任何色彩的设计其整体协调性是产生美感的主要因素，是色彩的物理特性与人的视觉审美需求的统一。

另外，服饰图案的色彩美感因素受到季节性与流行性的影响。季节性是指色彩的季节变化，不同的季节人们对色彩有不同的心理需求。流行性则是指色彩的市场变化，这种变化是可以通过某种手段来引导的。

四 工艺的美感因素

工艺美感因素属于技术美的范畴。提花、刺绣、印染、编织、贴布、面料再造等是现代服饰图案的主要实现手段，由于工艺的不同、材料运用的不同，最终造成服装表面的视觉效果与触感的不同。

在实际的运用中，多种工艺结合运用也是常见的，比如编织与印花的结合，拼布与刺绣的结合，或者印花与刺绣的结合。不同工艺的结合，可以丰富面料表面的质感与层次感，提升服装的品质。

五 图案内容的美感因素

前面讲到的美感因素包括了视觉形式美和技术美。这里要讲的还有图案的内容美，满足使用者的精神需求。图案不仅是视觉的形式，也是精神内涵的表达。特定场合的服饰图案需要有一定的寓意，具有特定的象征意义，是表征、寄情的重要手法，如我们都知道的吉祥图案，图案的吉祥内容就是吉祥图案美的重要因素。

第二节 / **服饰图案设计的构思程序与方法**

基于上面我们对服饰图案美感的分析，接下来了解一下构思的程序与方法。

一 构思程序

不同的人有自己不同的构思途径和方法，按大多数人的创作经验，设计的程序可大致分为以下几个阶段。

1. 准备阶段

根据图案设计的要求、设计者需要广泛的收集形象资料、采集市场流行信息。写实、临摹、阅读、赏析等都是设计构思的来源方式。然后，在对原始资料观察和感受的基础上，进行初步的分析、研究和想象，同时构想多种设计方案，这一阶段的思维是具有不确定性的发散性思维，想象的能力在这个阶段发挥着重要作用。

2. 选择阶段

一个方案往往可以有多种构思的渠道。设计者对最初的设想意图做全面的分析和比较，从而优选最理想的方案，并进一步做具体的酝酿，使图案形象逐步明确化、具体化。本阶段的思维有定向性、目标明确。这个阶段基本完成纹样元素、风格款式和色彩基调的定位。

3. 完成阶段

本阶段与设计实践活动有密切关系，要确立单位纹样、组织结构、恰当的生产工艺，最后完整的构思意图是将图案的具体形象表达出来，并进行配色方案的设计和适用花型的选择。

在表现过程中还会有反复，有修改。所以构思是反复认识的过程，构思的完成阶段仅仅是表示构思的思维活动一个周期的结束。接下来的是一个新问题的出现，并且往往是在完成阶段发现问题，于是思维过程周而复始，循环不息。图案构思的三个阶段没有明确的界限，实际上三个阶段是互相联系、互相交叉进行的。

二 系统化的构思方法

图案的构思是一个复杂的系统。它包括素材的选择、形象塑造、色彩配置、形式构成以及思想感情的表达。同时还包括服饰的使用功能、消费对象，工艺制作等诸多因素。在构思中把即将付诸行动的各种思维活动结成有机的网络，并在综合分析的基础上达到系统化。同时我们把这个系统化的构思再做进一步的分析，把它们分解成四个主要方面。

1. 造型

造型内容包括自然形态（植物、动物、景物等）、人造形态（各种器皿、建筑物等）、抽象形态等一切美好的形态。造型手法根据风格不同而不同，或写实，或写意，或抽象。

2. 色彩

色彩运用有色彩的对比，如色相、明度、纯度的差别；有色彩的调和，如同一、近似、秩序等表现出的色彩统一性。色彩的表现技法包括点线面的处理、肌理的表现等，都是构思时必须考虑的问题。

3. 纹样的组织

纹样的组织包括单独构成、二方连续、四方连续等内容。纹样的组织形式要根据不同的服饰而定，针对服装匹料的图案设计以连续的形式为主，针对服装件料的图案设计以独立的构成形式为主。

4. 表现的技法

表现的技法是指点、线、面的处理以及肌理的表现。表现技法对形象的塑造起到关键的作用，相同的造型不同的表现技法，可以产生完全不同的视觉效果，所以，采用恰当的表现技法一定程度上决定设计的成败。

5. 工艺手段

服饰图案因装饰的面料、服装的款式、穿着的人群等因素的不同，在工艺表现的选择上也有不同，不同的工艺，图案的风格特征也不同。在图案的构思阶段，需要考虑到各种工艺的特点来进行选择，并根据工艺的特点来设计图案。

第三节 / 服饰图案设计的灵感与素材

服饰图案的造型与表现是建立在素材的积累与灵感的闪现基础之上的——也就是我们通常所说的构思。除了要有很好的造型表现的基本功，还必须具备对形态的理解力与丰富的想象力、创造力。下面提供一些素材选择的创新思路。

一　来自自然启示的构思

自然界五光十色，变幻无穷，不仅为我们创作提供了用之不尽的素材，同时也为图案设计提供了取之不尽的美的形式。例如起伏的山峦、波动的水纹、流动的云彩，一只蝴蝶、一根羽毛、一片树叶、一朵花……如果我们深入观察分析，就能从中得到构思的启示。中国古代纺织品纹样中有一种题材形式——"落花流水纹"，就是来源于自然中花落水中的情景（图3-1）。花在水中的形式很多，"落花流水纹"的变化也很多。图3-2是灵感来自树木年轮的纹样设计。

（a）花落水中的情景　　　　　　　　　　　　　　　（b）纹样

图 3-1　落花流水纹

图 3-2　灵感来自树木年轮的服饰纹样

自然中的花卉在服饰图案题材中占有很大比例，这与花卉本身的优美丰富性有很大关系，特别适合创造室内温馨浪漫生机的氛围。写生是图案素材收集的重要方式之一，这种方法记录的自然形象是写实造型设计的重要来源（图3-3、图3-4）。花卉的图案化设计在服装面料的设计中被广泛应用（图3-5）。

图 3-3　线描写生花卉

图 3-4　色彩写生花卉

图 3-5　面料上的花卉纹样

二　现代科技启迪的构思

1.　运用数学逻辑思维方法的构思

运用数学逻辑思维方法进行构思，如运用排列组合、递增、递减等手段，按特定的比例关系形成几何形的变化。如图 3-6 就是由简单的正方形与圆形组合变化，并按照一定的比例关系排列形成的不同图案。这类构思方法一般用于创造几何形题材的图案，是一种理性的设计方法。

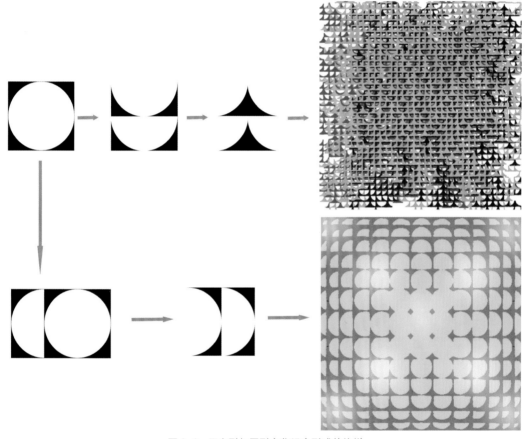

图 3-6　正方形与圆形变化组合形成的纹样

2.　运用解剖手段的构思

运用纵剖面、横截面、解构等手法造成物体变化和变形。如图 3-7 为水果的截面图经图案化处理，排列组合而成的图案；图 3-8 为花瓣分解后并重新组合而成的图案。这种设计方法主要表现了现代构成中分解、组合的特点。分解的方式与再组合的方法对图案的最终效果起到关键的作用。

3.　运用物理手段变化的构思

将物体挤压、弯曲、旋转、折叠等造成的变形现象（图 3-9）；运用物体的向心、离心和抛物线等运动形成的轨迹（图 3-10）；运用光学原理比如多棱镜、万花筒造成的透视、错视、幻觉和变形（图 3-11），这种纹样通常用计算机来处理，可以达到手绘较难达到的视幻效果。

图 3-7　草莓的截面组合

图 3-8　花瓣的分解与组合

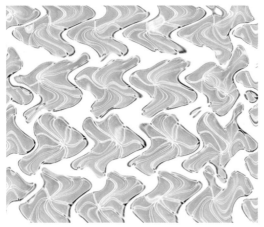

图 3-9　通过扭曲挤压形成的纹样

图 3-10　利用离心力的作用形成的纹样

图 3-11　万花筒式变化的纹样

4. 源于对宇宙认识的构思

对宇宙以及微观世界的探索，同样可以启发我们的思维。现代科学可以让我们通过专业的仪器设备看到宇宙和微观世界，这些认知为我们提供了丰富的设计源泉（图3-12）。

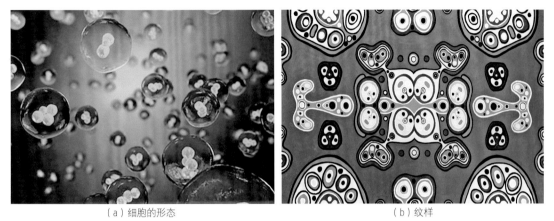

（a）细胞的形态　　　　　　　　　　　　　　　　（b）纹样

图3-12　以微观世界细胞分裂为灵感来源的纹样

三　来自其他艺术形式启示的构思

艺术的形式相当丰富，有绘画、雕塑、建筑、音乐，有传统艺术、现代艺术，不同艺术形式对不同的感官产生作用，通过认知、联想给人不同的感受。这些丰富多样的艺术，是图案设计灵感来源的宝库。

中国传统文化博大精深，传统的绘画与图案具有丰富的内涵。例如民间艺术中的剪纸、风筝、戏剧中的脸谱、彩陶纹样等都能给图案设计以启发，成为图案设计的造型元素（图3-13～图3-15）；

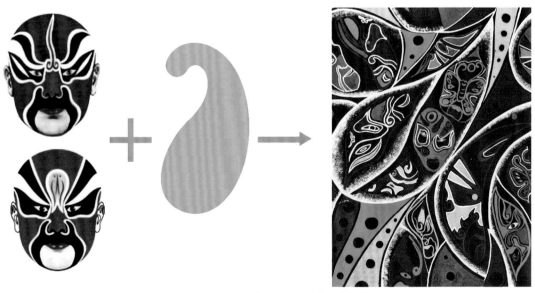

图3-13　以脸谱、火腿纹为灵感来源的纹样

（a）青花瓷　　　　　　　　　　　　　　　　　（b）纹样

图 3-14　以青花瓷为灵感来源的纹样

图 3-15　以彩陶与花卉为灵感来源的纹样

还有现代风格插画也可以成为图案设计的灵感来源（图 3-16）；国外的古典名画及现代抽象绘画、涂鸦等都可作为服饰图案设计的参考（图 3-17、图 3-18）。

图 3-16 插画风格的纹样

（a）梵高的作品与服饰纹样　　　　　　　　　（b）蒙德里安的作品与服饰纹样

图 3-17 源自现代绘画艺术的服饰纹样

（a）莫奈绘画作品《睡莲》局部　　　　　　　　　　　　　　　　（b）纹样

图3-18　源于绘画笔触的纹样

　　以上几种构思方法从不同的侧面提供了图案设计的思路和方法。构思能力的强与弱，很大程度上取决于思维的流畅性、广度和深度，以及思维的独立性、灵活性、逻辑性，而思维品质的提高和改善必须通过卓有成效的思维系统训练来完成。

思考与练习

　　1．服饰图案的美感因素有哪些？寻找实例说明。

　　2．服饰图案灵感来源于哪些方面？寻找实例说明。

第四章

服饰图案设计的造型与表现

第一节 / 服饰图案的形态特征

一 写实造型与装饰造型

从设计的角度讲，写实造型与装饰造型都是服饰图案的造型形式，都是满足心理审美需求的。由于形态性质的差异，在应用方向上有不同的侧重。写实造型是相对客观地再现物象的自然形态，由于工艺技术的发展，有的写实甚至可以再现图片。装饰造型是主观的造型，有一定的客观来源，是经过概括、提炼、想象、夸张等手法的处理，以艺术的语言表达出来的造型形式。总体来说写实的造型是具象造型，装饰造型相对抽象，有的造型是兼具这两方面的特征的，也可称为意象造型。

二 服饰图案的形态特征

这里讲的形态特征主要是指图案主观形式化表现的一些特征。不同的设计需求，形态特征的侧重点也不同。

1. 单纯化特征

服饰图案的形态具有单纯化的特征，是运用提炼、归纳、概括的艺术手法塑造的艺术形象特征。单纯化的形态特征追求形象神态、动态的总体效果，以少而精的形式表现达到传神的效果。单纯化的造型形象简洁明确，给人清新的视觉印象。

2. 装饰化特征

服饰图案的形态具有主观装饰化的特征，是运用变形美化、添加丰富、夸张提炼等艺术手法塑造的形象特征。装饰化的形态内容丰富，形式多样，富有情趣，是理念化的主观形态。如火腿纹、宝相花纹等就是典型的装饰化纹样。

3. 秩序化特征

秩序化是服饰图案形态的特征之一，这种特征主要表现在组合造型的形态中。如传统的规矩纹，以相同或相似形有规律地排列组合，形成了具有秩序感的形态。

第二节 / 服饰图案的造型设计

一 具象的图案设计

所谓具象主要指图案造型来源于某个具体的物象，比如自然界中的云水山石、鸟兽鱼虫、花草瓜果等；人造的亭台楼阁、物件摆设等。这些作为图案的题材，在图案化的设计过程中被单纯化、装饰化，或是秩序化，成为美化服饰的图案。以下介绍几种常见的图案造型手法。

1. 归纳

归纳是提炼概括的手法，指去掉琐碎的细节，保留最有特征的部分。这种归纳可以是整体的概括，也可以是局部的提炼与概括。归纳处理的造型因最终效果的不同，又可以分为写实归纳与夸张归纳（图4-1）。

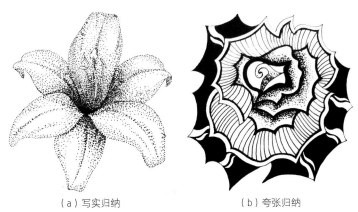

（a）写实归纳　　　　　　　　　　（b）夸张归纳

图4-1　归纳造型的装饰纹样

写实归纳：通过对形态的概括提炼，造型仍然比较接近自然形态的称写实归纳，图案的写实归纳与照相的写实有很大的区别。

夸张归纳：对特征部分进行夸大的设计，使特征更加明显。如造型方的就夸张得更方，圆的就夸张得更圆。与漫画的夸张手法相比，图案造型的夸张是一种美化的夸张。

2. 添加

添加是造型装饰化的一种常见手法。有同一素材的添加与不同素材的添加。以一个花型单位为例，添加相适应的素材，向外使其"节外生枝"；向内使其"枝中有节"，这种方法要求添加的部位要恰到好处，要自然而美观。另一种方法是在装饰形的内部或形与形之间的空隙填充装饰花型。客观具象的形态通过主观的形的处理，运用添加的手法可以创造出丰富的装饰形象（图 4-2、图 4-3）。如佩兹利纹样中典型的松果纹，保留松果的外形特征，内部添加变化丰富的纹样，成为经典的纹样形式，并且还在不断地创新发展中。

（a）卷草纹的造型添加　　　　　　（b）松果纹的造型添加

图 4-2　内部添加造型的装饰纹样

图 4-3　添加造型的装饰纹样

3. 组合

组合是一种主观的形式设计方法，是由单个相同的形、相似的形，或是相关联的物象形态有规律或非规律性地组合。组合造型手法在具象形的图案设计中可以有以下方法。

共用组合：是指多个造型重叠而形成的一个新形象（图 4-4）。

求全组合：把不同时间、空间中的物象组合在一个画面里达到主观寓意上的完整性。比如日月同辉纹样、四季花卉纹样、莲花莲蓬莲藕的组合纹样等（图 4-5）。

分解组合：先打散再重新组合的方法。这种方法有两个步骤，首先是分解，分解可以是机械的切割分解，也可以是物象结构的分解，分解之后重新组合，组合可以形成一个新的形象，也可以是原来的物象（图 4-6、图 4-7）。

象征性组合：这种组合是纹样象征性寓意的需要。如五只蝙蝠与"寿"字的组合，取五福捧寿之意。这种组合的方式在吉祥纹样中比较常见，而且形成了很多固定的组合形式（图 4-8）。

联想组合：由一个形象联想到另一个形象，在形的塑造上可以既像这个又像那个，具有两个形象的特征（图 4-9）。

这些组合与其说是造型的手法，不如说是设计的构思方法。

图 4-4　共用组合　　　　　　　　图 4-5　求全组合　　　　　　　　图 4-6　分解组合 1

图 4-7　分解组合 2　　　　　　　　图 4-8　象征性组合　　　　　　　　图 4-9　联想组合

二　抽象的图案设计

1. 几何图案的设计

以点、线、面等几何形态作为造型元素，进行几何形态的各种变化形成的抽象图案（图 4-10）。

图 4-10　几何图案的设计

2. 肌理图案的设计

通常运用一定的技法，或者用计算机图形处理技术来表现，有时表现具有一定的偶然性，设计师把握的是整体效果。这种图案的设计也依赖于印染技术，比如扎染的大理石纹、蜡染的冰裂纹等肌理效果（图 4-11）。

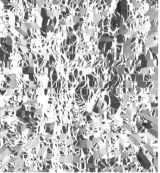

图 4-11　肌理图案的设计

三 流行元素的图案设计

这种流行元素来自社会发展的各个方面，常见有插画形式的图案、卡通造型的图案、涂鸦形式的图案等，这些图案都与时代的发展、流行的文化有关。服装是具有流行性特征的，这种流行的特征也表现在服饰的图案中。如现代图形设计的处理手法在服饰图案中的运用；照相技术、图片处理技术对服饰图案形式的创新。当然这些创新也依赖于现代服饰图案的工艺手段的发展，比如数码印花技术为照片形式的图案提供了技术上的支持。流行元素的图案造型不一定是非传统的，但一定要是时尚的，是时代审美的体现。

第三节 / 服饰图案设计的技法表现

一 影响技法表现的因素

技法是服饰图案造型表现的重要手段，相同的造型，由于技法表现的不同可以有不同的视觉效果。影响技法表现效果的因素主要有工具材料以及操作工具材料的技术。

1. 工具材料

不同的工具材料有不同的特性，可以表现不同的效果。比如水粉颜料可以使设色均匀；水彩颜料晕染效果更好。再比如钢笔与毛笔绘制的线条特质就不同，不同形状、粗细、长短，甚至是毛质不同的毛笔绘制的线条也会不同。所以，要充分利用工具材料的特性，创作丰富的效果。

2. 操作技术

相同的工具材料，由于操作使用上的不同，同样可以产生不同的效果。比如相同的颜料和笔，可以设色均匀，也可以色彩斑斓，完全取决于设计师对工具材料的操作。对工具材料的熟练运用，是有过程的，也需要积累经验，所以对工具材料的掌握，是设计师必备的素质。

二 常用的点、线、面表现技法

1. 点的表现

图案中的点与几何学中的点是有区别的。图案中的点是视觉化的形象，单点有形状、有大小、有位置，集合点有疏密变化，有规则或不规则的排列，还有各种渐变的组合形式等。作为一种表现技法，点有活泼、跳跃的特点，运用时可以独立造型，也可以装饰点缀。

单点：独立的，有明显视觉形象的点，纺织品图案中圆点用得比较多，可以起到补白、点缀

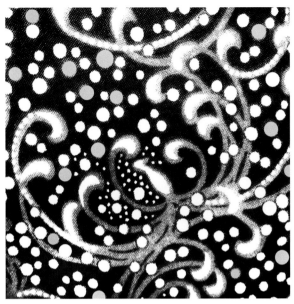

图 4-12　单点的表现

的作用，使画面静中有动（图 4-12）。

集合点：泥地点、雪花点、组合点等，这些点通过排列、聚散的形式变化，可以用来表现线和面，表现起伏和渐变的效果（图 4-13～图 4-15）。

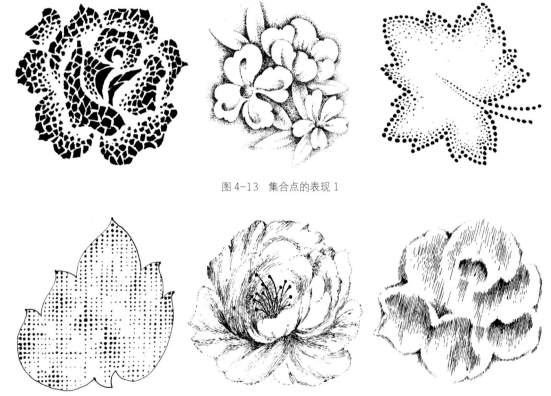

图 4-13　集合点的表现 1

图 4-14　集合点的表现 2

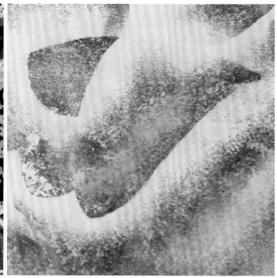

图 4-15　点的色彩表现

2. 线的表现

　　线是图案的重要造型要素，图案中线的表现也是形式多样。单线有粗细、长短、曲直的变化，集合线有疏密、有规则或不规则的排列，还可以有粗细的渐变、方向的渐变等组合的变化。线的造型与个性表现受到工具以及工具运用方法的影响，如毛笔，用笔正、侧、顺、逆等的不同，线的效果也会不同。线可以用来造型，也可以用来装饰（图 4-16~图 4-19）。

图 4-16　线的表现 1

图 4-17　线的表现 2

图 4-18 线的表现 3

图 4-19 线的色彩表现

3. 面的表现

表现技法中的点、线、面是相对而言的，点有大小，大到一定程度就是面，线有长短、宽窄，宽到一定程度也会产生面的感觉。最基本的面的表现技法是平涂面，就是设色均匀的面（图 4-20、图 4-21）。

图 4-20 面的表现

图 4-21　面的色彩表现

4. 点、线、面结合的表现

在实际的技法表现过程中，点线面的运用并不是孤立的，更多的时候是点、线、面结合使用的（图 4-22）。尤其在纺织品面料图案设计中，以平面做底，综合各种技法的表现是较为常见的（图 4-23、图 4-24）。

图 4-22　点、线、面结合的表现

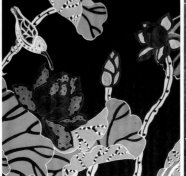

图 4-23　点、线、面结合的色彩表现 1

图 4-24　点、线、面结合的色彩表现 2

三　特殊表现技法

1. 渍染

渍染是用颜料在纸上做出斑渍、渗化、渲染效果的表现技法。这种技法的效果与所用颜料和纸张有很大关系。一般水彩与水彩纸的效果较好。有的效果与我们的操作程序也有关系，比如，在水彩纸上刷上饱含水的色彩，然后在湿润的状态下，用清水滴在上面出现的效果（图 4-25），与先刷水再滴上颜料的效果是不一样的（图 4-26）。有的还会在色彩水润时撒上盐，又是一种效

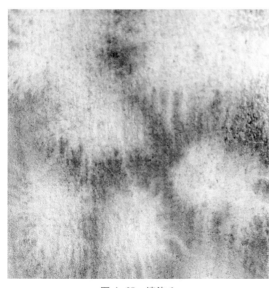

图 4-25　渍染 1

图 4-26　渍染 2

果，盐化开的效果与颜料和纸张有关，不同的水彩颜料效果也不同，所以渍染效果的把握，需要通过我们的实践来积累经验。图 4-27 是先将纸做了褶皱处理，然后再用水粉上色；图 4-28、图 4-29 是通过颜料的流动产生的效果；图 4-30 是先渍染底色再用枯笔上色。

图 4-27　渍染 3

图 4-28　渍染 4

图 4-29　渍染 5

图 4-30　渍染 6

2. 晕染

晕染是用相同或者不同的色彩通过水的稀释推晕而产生的过渡自然的色彩表现方法。相对于平涂的表现它是一种湿画法。平涂要求设色均匀，晕染追求过渡自然，形态含蓄而富有意境。不同的颜料会有不同的晕染效果，一般水彩的推晕效果更自然（图 4-31），推晕时水分的把握也是影响效果的重要因素。晕染也可用干画法（图 4-32）。

图 4-31　湿画法晕染

图 4-32　干画法晕染

3. 喷绘

喷绘是用一定的工具将颜料喷洒在画面上。随工具的不同，操作的角度、力度的不同，呈现的效果就不同。喷绘的点可粗可细，色彩可浓可淡；可整体喷绘，也可局部控制；可以制作出柔和细腻均匀的效果，也可以制作自如奔放的效果（图 4-33）。喷笔绘色需要在画稿上覆盖住不需要喷色的地方，所以喷绘之前要做镂空的刻板，一套色一个板，在需要喷色的地方镂空。

4. 拼贴（接）

拼贴（接）是指挑选具有一定肌理、色彩的图片或实物等，按照图案要求组合构成奇妙的效

（a）底色喷绘

（b）花卉喷绘

图 4-33　喷绘

果（图 4-34、图 4-35）。拼贴的图案要转化成服装面料上的图案，一般还要经过电脑的处理。我们常见的拼布图案是运用面料进行拼接，通过一定的缝纫工艺来实现的（图 4-36、图 4-37）。拼布风格的印花图案就是来源于拼布。

图 4-34　彩纸拼贴

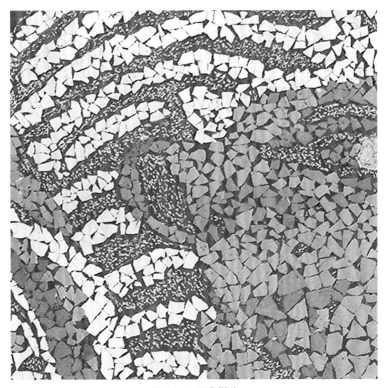

图 4-35 蛋壳拼贴

图 4-36 拼布图案

图 4-37　拼布图案包

5. 拓印

　　拓印是指用表面有凹凸肌理的物体，蘸上颜色后捺印，物体上的肌理纹路就拓印到纸上，与盖图章的原理一致（图 4-38、图 4-39）。拓印的肌理效果质朴、自然生动，也是纺织品图案的表现手法之一。

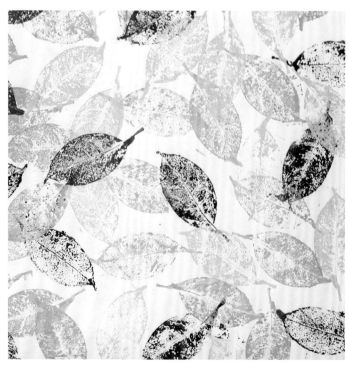

图 4-38　叶脉拓印

图 4-39　木纹拓印

6. 防染

　　防染是指先用油质（如油画棒）或其他能阻碍颜料与纸面结合的物质作为防染剂绘在纸上，然后再上色，用了防染材料的地方色彩就上不去，形成一些特殊的效果（图 4-40）。

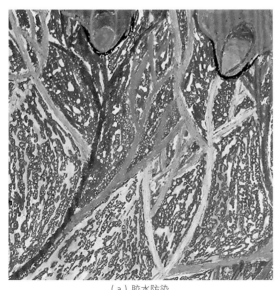

（a）胶水防染

（b）油画棒防染

图 4-40　防染

7. 综合技法

　　综合技法是指用两种或两种以上的表现技法来塑造形体、装饰画面。综合技法的运用可以使画面层次、色彩更加丰富。多种技法的综合运用要有主次，画面才有秩序。图 4-41 背景用的喷绘手法形成的虚面，前面花卉用的点、线、面结合的表现形式，一虚一实，使图案与背景层次分明，同时又不失整体感。图 4-42 运用了手绘、渍染和电脑绘图相结合方法。

图 4-41　综合技法表现 1

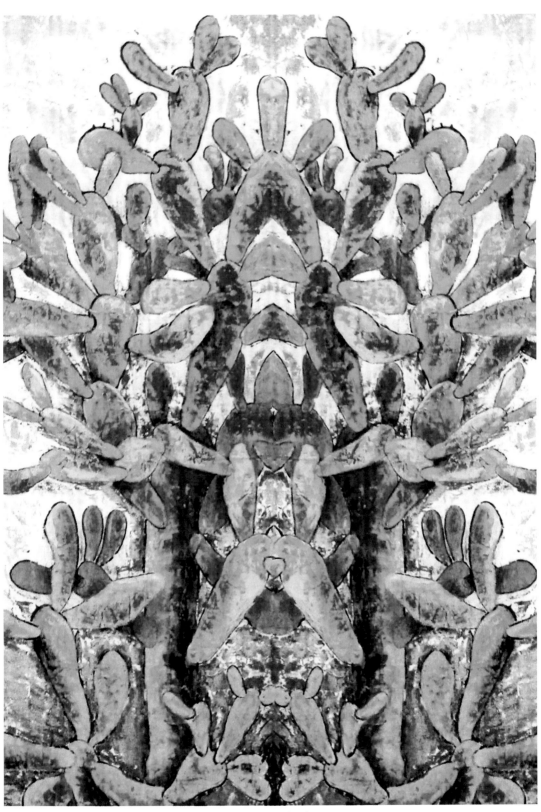

图 4-42 综合技法表现 2

思考与练习

1．图案造型练习：选择一种植物的叶子，或一种花卉、一种动物，运用不同的方法造型，并用点、线、面的手法表现（黑白稿）。

2．常用技法练习：选择作业 1 中的一个造型，用至少四种不同的点、线、面表现手法表现，比较其效果与特点。

3．特殊技法练习：选择作业 1 中的一个造型，以此为基础，做 3 种不同的肌理效果。

PART5

服饰图案的构成

　　服饰图案的构成是指服饰图案的组织形式，是针对服饰设计的需要，对图案在服装上所做的安排。从传统基础教学的角度，我们将图案的构成分为独立式纹样与连续式纹样，主要研究图案本身构成的美感形式；从专业图案设计的角度，服饰图案的构成主要体现在件料设计与匹料设计两种类型中，是专门针对服饰的构成设计。

第一节 / 服饰图案的构成基础

一 独立式纹样

　　独立式纹样是指能够独立存在而又具有完整感的纹样。一般可以分为单独纹样、适合纹样和角隅纹样三个类型。

1. 单独纹样

　　单独纹样是可以自由处理外形、没有外轮廓制约的完整而独立的纹样。通常采用对称或平衡形式的构图，造型丰满，结构严谨。单独纹样可以再组织构成适合纹样、二方连续、四方连续等纹样形式。图案造型的基础训练从单独纹样开始，可采用写实、夸张、装饰等手法来处理，可以是一株植物、一个动物、一个人物或一个建筑，也可以是人物和植物、动物和人物等的组合形式（图5-1~图5-5）。

（a）对称　　　　　　　　　　　　　　　　（b）平衡

图5-1　单独纹样1

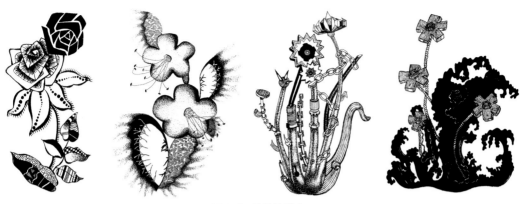

图 5-2　单独纹样 2

（a）对称

（b）平衡

图 5-3　单独纹样 3

（a）人物

（b）风景

图 5-4　单独纹样 4

第五章

服饰图案的构成

065

（a）静物 （b）脸谱

图 5-5 单独纹样 5

2. 适合纹样

在一定外形内安排纹样，纹样的组织与造型必须与一定形状的外轮廓相吻合，这种结构形式称为适合纹样，如方形、圆形、三角形等适合纹样。适合纹样需形象完美，造型自然舒展，布局均匀，形式上常采用对称、均衡或旋转的排列组合（图 5-6 ～图 5-11 ）。

图 5-6 适合纹样 1

图 5-7 适合纹样 2

图 5-8　适合纹样 3

图 5-9　适合纹样 4

图 5-10　适合纹样 5

图 5-11　适合纹样 6

3. 角隅纹样

角隅纹样也叫边角纹样，用于修饰造型的一角、对角或四角，它具有一定的形状，但又不似适合纹样那样拘束，有一定的自由度（图 5-12、图 5-13）。

图 5-12　角隅纹样 1

图 5-13　角隅纹样 2

以上三种结构的独立式纹样都以独立成形为特点，注重纹样造型的完整性，纹样布局有主次、有秩序，具有独立的审美特性。这种纹样形式是服饰局部设计的基础。

二 连续式纹样

连续式的构图是指以一个单位纹（构成连续图案最基本的单元）作左右或上下两个方向的排列；或上下与左右同时，四个方向反复排列的纹样。连续式图案突出表现了形式美中的重复节奏。

1. 二方连续

二方连续是以一个单位纹向左右或上下两个方向有规律地反复排列，呈带状式的图案。服装中常用来修饰边缘，如袖口边缘、门襟边缘、裙边下摆等。我们常用的花边就是二方连续的形式。二方连续的设计主要在于单位纹的设计与单位纹的连接处的处理。一个单位纹可以是一个纹样也可以是几个纹样的组合，单位纹的连接要自然而不露痕迹，所以二方连续的设计要点，一是整体感——一种连绵不断的整体；二是节奏感，节奏感的表现不仅在于简单的重复，还要考虑到纹样的方向与疏密关系等的变化与统一。

二方连续的构成骨架可以分为：散点式、波浪式、折线式、接圆式等（图5-14）。

图5-14　二方连续的骨架形式

散点式二方连续是由一个或几个纹样组成单位纹，再由单位纹等距离两个方向重复排列，纹样之间形成分散格局，因等距离的排列形成规律性的变化，这里要注意的是纹样与纹样之间的距离不宜过大，否则会因为太松散而缺乏整体感。另外为了视觉上的生动感，可以变化纹样的方向，这种方向的变化要有规律；同时，有规律的大小变化也会形成一种节奏感。

波浪式二方连续是单位纹连接形成起伏的波浪状，没有单位纹之间连接的痕迹，所以整体感较强。波浪的骨架形式可以是简单的起伏，也可以是波浪的相互穿插，在穿插的波线上延伸出枝叶花卉或其他纹样，唐卷草纹就是这种形式。波浪式是二方连续中最优美的形式，所以需要注意波线的骨架设计要流畅，不能生硬。

折线式的骨架形式也是一种整体感强的二方连续纹样，与波线不同的是折线给人一种有硬度的感觉。折线可以作为整体纹样的动态线，也可以作为纹样布局的框架线。不同的思路，纹样的美感形式就不同。

接圆式是以大小不同的圆或半圆有规律地连接起来的骨架形式。纹样的造型受到圆的制约，圆与圆可以连接，可以相扣，也可以重叠，先设计好圆与圆的关系，然后在这样的框架中设计纹样。

二方连续的骨架形式不局限于以上几种，这里介绍的是比较常见的、基础的。事实上，实际的设计中还有更多复杂的、综合的形式，要根据具体的设计要求而定（图 5-15～图 5-17）。

图 5-15　二方连续纹样 1

图 5-16　二方连续纹样 2

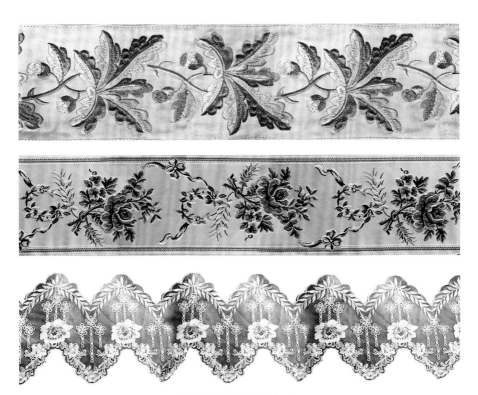

图 5-17　二方连续的花边

2. 四方连续

四方连续是一个单位纹同时向上下和左右四个方向反复有规律地循环排列形成的图案构成形式。这种连续的形式给人反复统一的美感，体现的是形式美的节奏与韵律，是花布的设计形式。

四方连续图案单位纹之间连接的方法被称为接版。四方连续的接版方式一般有平接和错接（图 5-18）。

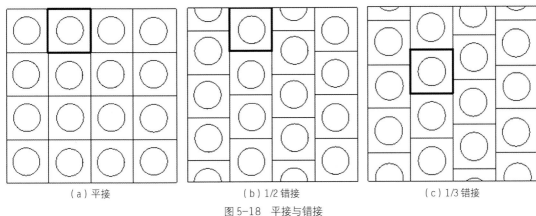

| （a）平接 | （b）1/2 错接 | （c）1/3 错接 |

图 5-18　平接与错接

平接：又称对接，单位纹上与下、左与右相接，使整个单位纹在水平与垂直方向反复延伸。

错接：又称跳接，单位纹上与下垂直对接，左与右对接时上下有规律地错位，使左上与右下对接，右上与左下对接。设计中常用的是错位 1/2，也有错位 1/3 的。

平接版与错接版相比，平接的形式显规矩，错接的形式则更自由活泼一些。

四方连续的接版是指单位纹与单位纹的连接关系，而单位纹的设计又涉及图案的排列，四方连续图案的排列是指单位纹平面空间内图案的布局，它的基本骨架有以下几种。

（1）散点式。散点式四方连续是以一个或几个纹样分散排列，组成单位纹，再规则排列单位纹所形成的四方连续。单位纹之间的连接可以是平接，也可以是错接。

散点的排列形式是四方连续中最富有变化的形式。一个单位纹中，可以有一个或多个纹样，可以变化造型、数量、大小、位置、方向、色彩等因素，布局可以单纯，也可以繁复，根据设计的需要而定。

单位纹中的排列可以分为规则的排列与不规则的排列两种。

规则排列是指在单位纹内，等距离划分区域，纹样有规律地布局在规定的位置，单位纹中纹样的数量不同，布局也不同，有一点、两点、三点、四点等。点越多，变化越多，排列越复杂。这种规律性的布局可以使纹样循环以后布局均匀，避免直条等空档。规律的排列一般用于清地的纹样设计（图5-19~图5-24）。

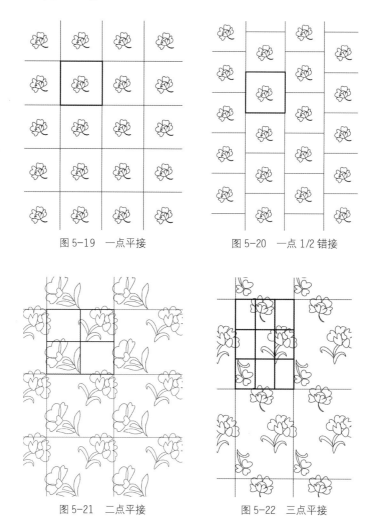

图5-19　一点平接　　　　　　　　图5-20　一点1/2错接

图5-21　二点平接　　　　　　　　图5-22　三点平接

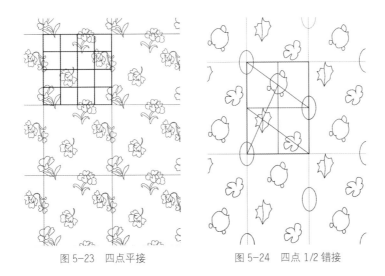

图 5-23　四点平接　　　　　　　　　图 5-24　四点 1/2 错接

　　不规则排列是指单位纹的图案布局没有位置的限制，可以自由构成。应先设计主要的花型——大花型，然后再穿插次要的小花型，注意单位纹左右上下的连接要自然流畅，避免循环后的斜直空档。不规则排列主要用于满地的纹样设计（图 5-25、图 5-26）。

图 5-25　不规则排列 1/2 错接纹样

图 5-26　不规则排列的四方连续纹样

（2）条格式。条格式是指以各种不同大小的条子或格子进行组织排列的条式或格式的四方连续纹样（图5-27）。

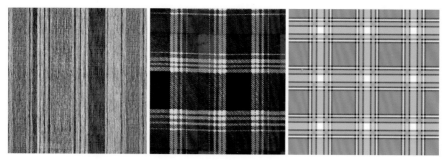

图5-27　条格式四方连续纹样

（3）连缀式。连缀式是指单位纹之间相互连续或穿插的四方连续形式，是以几何的骨架为基础，常见的骨架形式有菱形连缀、旋转连缀、波形连缀和梯形连缀（图5-28）。连缀式是几何框架与纹样密切结合的形式，具有连绵不断、齐中有变的特征（图5-29～图5-32）。

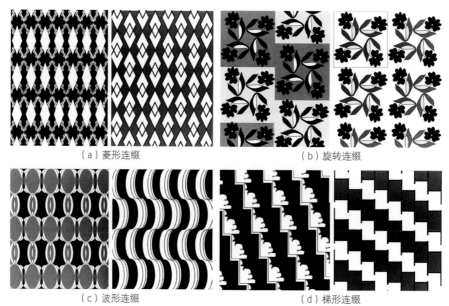

（a）菱形连缀　　　　　　　　　　　　（b）旋转连缀

（c）波形连缀　　　　　　　　　　　　（d）梯形连缀

图5-28　连缀式四方连续的骨架形式

图5-29　波形连缀

图 5-30　旋转连缀

图 5-31　菱形连缀　　　　　　　　　　　　　图 5-32　梯形连缀

（4）重叠式。重叠式是结合两种或两种以上不同骨架形式的四方连续形式，如图 5-33 为条格与散点的结合。

图 5-33　重叠式四方连续纹样

除了以上讲的四种四方连续的形式，在实际的设计中还有很多的排列形式。如肌理变化的四方连续，比如迷彩纹样；空间视幻的四方连续；花地互换的排列方式；几何框架内的嵌花等（图5-34）。

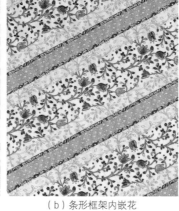
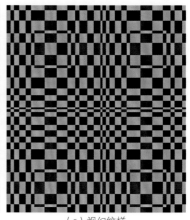

| （a）迷彩纹样 | （b）条形框架内嵌花 | （c）视幻纹样 |

图5-34　其他形式的四方连续纹样

四方连续的题材广泛、形式多样，一般采用无定向性的纹样设计，尤其是在衣料的散点排列设计上。从艺术效果来讲，散点的排列要避免横条、直条、斜路等空档。

第二节 / 服饰图案设计的构成形式

一　服装匹料图案的构成设计

服装匹料图案设计通常被称作"花布"设计，四方连续图案是最常见的形式，另有整幅的二方连续的形式，因为可以成匹生产，所以称为匹料的图案设计。匹料图案设计的特点是先设计图案，再设计服装款式，是服装面料的整体设计，主要表现为连续式纹样在服装面料上的变化运用，如裙料、衬衫料的设计。这种图案适合机械化的批量生产，是一种能既经济又便捷的面料图案样式，广泛地运用在各种风格、功能的服饰中。

1. 构成

匹料的图案构成以连续式构成为特点。匹料的四方连续图案设计是根据工艺尺寸的要求，在规定范围内连续循环；匹料的二方连续图案设计是在规定的门幅内沿织物边设计的二方连续，循环的尺寸根据不同的工艺而定（图5-35）。还有将两种连续方式结合的设计，比如织物主体纹样设计用四方连续，边缘采用二方连续设计（图5-36）。这种设计一般在题材和色彩上要相同或相似，要有呼应。实际设计中匹料图案的设计由于造型、色彩等因素的变化，使得构成形式显得更加丰富（图5-37、图5-38）。

图 5-35 整幅匹料的二方连续构成

图 5-36 四方连续与二方连续结合的构成

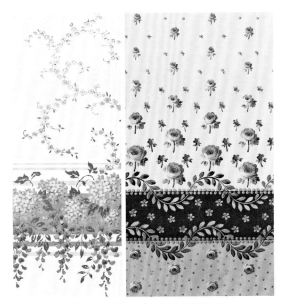

图 5-37 整幅二方连续的面料设计

图 5-38 整幅二方连续图案设计在服装上的运用

2. 布局

在服装面料的设计中，通常把图案中所描绘的各种纹样称为"花"，把没有纹样的空白部分称为"地"。匹料的构成设计，依据花型的大小与布局的密度，也就是"花"与"地"的关系，可以分为以下三类。

（1）清地。清地是指花型占据空间比例较少，留出的"地"的空间较大，花型稀疏均匀，"花"与"地"的关系分明（图 5-39）。

图 5-39　清地匹料设计

（2）满地。满地是指花型占据了大部分的空间或是全部空间，有主花、辅助花、点缀花三大关系构成，通过多层次的花型层叠形成不透底的视觉效果（图 5-40）。

图 5-40　满地匹料设计

（3）混地。混地是指花型的面积与"地"的面积大致相同，强调花型与空间布局的整体效果，是一种疏密适中的花型排列方式（图 5-41）。

图 5-41　混地匹料设计

二　服装件料图案的构成设计

件料图案是针对某一款式专门进行的图案设计。讲究图案在成品后的整体布局，是在服饰结构设计的基础上，根据装饰部位的需要而设计的图案，图案的大小排列受限于款式的部位。这种图案设计的构成还包括了服装整体的图案构图设计，所以就不能仅从纹样本身来考虑，还要考虑到服装、服饰配件的整体造型、装饰部位。

1. 单独型件料的设计

单独型件料的设计一般画幅较大，图案能独立成章，有完整的构图，要考虑到整体的造型、大小、位置、方向、色彩等方面的呼应与协调。比如方巾的图案设计，针对服装款式的图案整体设计等（图 5-42、图 5-43）。

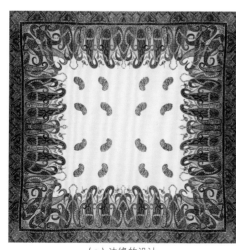

（a）边缘的设计

（b）中心与角的设计

图 5-42　方巾的图案设计

（a）旗袍　　　　　　　　（b）连衣裙　　　　　　　　（c）披风

图 5-43　针对服装款式的图案整体设计

2. 针对服装部位的图案设计

（1）单独纹样的设计。服装上的单独纹样一般用在前胸、后背、两肩、膝盖、袋口等部位，强调图案美的外形刻画，具有造型醒目突出的特点，与连续纹样相比，更具独立性与完整性（图 5-44～图 5-47）。有时与二方连续、角隅纹样配合，形成整体的服饰图案设计，如 T 恤的图案设计。这种纹样整体上可以分为对称与不对称两种类型。

（2）边缘连续的设计。边缘连续是一种带状的秩序感较强的纹样形式，服饰中一般用在门襟、领口、下摆、袖口等处，是服饰中常见的图案形式（图 5-48、图 5-49）。

图 5-44　牛仔裤上的绣片纹样

图 5-45　用于边角装饰的绣片

图 5-46 前胸的装饰纹样　　　　　　　　　图 5-47 后背的装饰纹样

图 5-48 传统服装上的边饰

图 5-49 现代服装上的边饰

3. 整体配套的图案设计

通过图案的整体设计，使搭配在一起的服装与服饰成为有联系的一个整体。比如上衣和下装的图案设计配套；帽子、手套、围巾的图案设计配套；情侣服装的图案设计配套等（图5-50、图5-51）。这种配套的设计通过图案的造型、色彩、排列、表现手法等因素的关联而形成。

图5-50　情侣装的图案配套设计

图5-51　整体配套的图案设计

第三节 ╱ 服饰图案构成的空间关系

服饰图案的空间构成是指图案的视觉空间层次的组织关系，是服饰图案构成的重要方面。从空间因素的角度讲，"花"是有形的，"地"是被"花"占据后所剩的空间，由于"花"的存在，"地"也显示出一定的形状，我们通常把"花"的形称为正形，而将"地"的形称为负形。从视觉因素的角度来讲，"花"有时可能成为"地"，而"地"也可能成为"花"，形成正、负形的换位现象，这种现象使图案的空间层次出现了复杂的关系。无论构成形式如何，图案都存在"花"与"地"的空间关系，从视觉空间的角度通常可以有以下类型。

一　平面空间构成

　　平面空间构成是指图案视觉空间上的扁平，无厚度、深度、远近、前后的关系。具体表现为平面化的造型、均匀的设色、平铺而无重叠的排列，"花"与"地"的关系比较明确，是清地图案常用的空间关系（图5-52）。

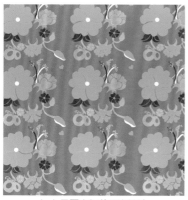 

（a）平面空间的图案设计　　　　　　　　　　（b）平面空间图案设计的运用

图5-52　平面空间构成

二　立体空间构成

　　这里的立体空间构成是指视觉上可以感受得到的立体、深度与层次的空间效果。写实的造型、虚实的表现手法、排列上的层叠等都是立体空间形成的途径。这种空间构成使图案具有更加丰富、真实、自然的视觉效果，是多层次满地图案的常用空间构成（图5-53）。

（a）立体空间的图案设计　　　　　　　　　　（b）立体空间图案设计的运用

图5-53　立体空间构成

三 模糊空间构成

模糊空间构成是指图案"花"与"地"的空间关系不明确,"花"有时看起来像"地","地"有时看起来像"花",从而形成的神奇的空间视觉效果(图5-54)。

图5-54 模糊空间构成

思考与练习

1. 单独纹样:选择一种花卉,用线描的形式写生不同角度的造型。根据写生稿设计完成对称与平衡的单独纹样各一幅,用点、线、面的形式表现,黑白稿。

2. 适合纹样:以写生花卉为题材完成正方形、圆形、正三角形的适合纹样各一幅。尺寸:正方形边长20cm,圆形直径22cm,正三角形边长24cm。

要求:造型优美,构图饱满,套色不限,设色均匀。

3. 二方连续纹样:从散点式、波浪式、折线式、接圆式骨架形式中选两种形式,用同一题材分别设计二方连续纹样各一幅,至少三个单位纹,长度尺寸不小于30cm。

要求:造型优美,衔接自然连贯,套色4~6色,设色均匀。

4. 四方连续纹样:

(1)设计两种不同布局形式的散点四方连续纹样,分别用平接和错接的连接方式,每幅至少画一个单位纹。画幅尺寸20cm×25cm。

(2)设计两种不同的连缀式四方连续纹样。画幅尺寸20cm×25cm。

要求:造型优美,布局均匀,套色4~6色,设色均匀。

PART6

第六章

服饰图案的色彩设计

第一节 / 色彩基础

一 色彩的由来

人眼之所以能看到颜色，首先是因为有光。光主要是来自太阳的辐射。物理学中，光是电磁波的一种，具有波和粒子的性质。人眼所见到的光的范围，只是太阳射到地球表面的全部辐射波段的一小部分。因此我们称这个波段的电磁波为可见光。不同波长的可见光，在人们的视觉中形成各种颜色。

17世纪英国物理学家牛顿做了一个著名的试验，将一束太阳光从细缝引入暗室，通过三棱镜折射后投射到白的屏幕上，屏幕上显示为有顺序排列的色带。如再通过三棱镜将这些色光聚合，则重新出现白光。牛顿的这一发现被称作色散现象，色带叫作光谱。光谱中各色在可见光区域中的波长有所不同，其中红色光拥有光谱色中最长的波长；绿色光居中；紫色光的波长最短（图6-1）。

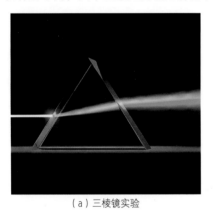

（a）三棱镜实验

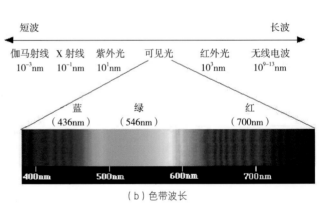

（b）色带波长

图6-1 光谱

人在光亮条件下可以看到光谱中的各种颜色，在整个光谱中人们可以辨别出一百多种不同的颜色。在明亮的日光下，每个物体都显示着它的本色。没有光线的时候，所有物体都看不见。因此，没有光就没有色。物体对色光有选择地吸收、反射、透射等的物理属性决定了物体所呈现的色彩。

二 色彩的分类

大千世界是由一个难以穷其数目的色彩组成的色彩世界，复杂的色彩世界可以分作无彩色系与有彩色系两大类。

1. 无彩色系

无彩色系是指黑、白和各种不同明暗层次的灰（图6-2）。从物理学角度看，它们不包括在可见光谱之中，故不能称之为色彩。但是从视觉生理学和心理学而言，它们具备完整的色彩性，应该包括在色彩体系之中。由白渐变到浅灰、中灰、深灰直到黑色，色彩上称为黑白色系。

图6-2　无彩色系

黑白色系是用一条垂直轴表示的，一端是白，一端是黑，中间是各种过渡的灰色。无彩色系里没有色相与纯度之说，也就是其色相、纯度都等于零，只有明度上的变化。作为无彩色系中的黑与白，由于只有明度差别，故又称为极色。

2. 有彩色系

有彩色系是指无彩色系之外的所有色彩，包括在可见光谱中的全部色彩，它以红、橙、黄、绿、青、蓝、紫为基本色（图6-3）。基本色之间不同量的混合、基本色与无彩色系之间不同量的混合所产生的千千万万种色彩都属于有彩色系列。有彩色系中的任何一种色彩都具有三大属性，即色相、明度、纯度。换句话说，一块颜色只要具有以上三种属性都属于有彩色系。

图6-3　有彩色系

三　色彩基本属性

1. 色相

色相即色彩的相貌。常说的红—橙—黄—绿—蓝—紫的光谱色，就指的是六种色相。色相是色彩的最主要的特征。

2. 明度

明度指色彩所具有的视觉上的明暗程度。相同的色彩可以通过加白或加黑来提高或降低它的明度。不同色相中的不同明度的色彩也可以通过调配其他色来达到相同的明度。

3. 纯度

纯度又称彩度、艳度，即色彩的鲜艳程度。加入其他颜色成分越多，纯度等级越低。

色彩三个基本属性是有彩色系的色彩共同具有的特征性质。无彩色系只具备明度属性。色彩三属性中任何一种属性的变化都会导致其他属性的变化。

四 色彩系统

色彩是一种视觉属性，具有主观的不稳定性，很难用语言表达其中的微妙变化。因此对于色彩的管理，在实际运用中如果没有一个统一的标准是很难适应飞速发展的现代设计的。色彩系统因此应运而生。建立色彩系统的目的就是为了认识色彩的本质、存在的形式、类型、组织结构，以及色彩构成多样性特征的成因，从而有效地揭示色彩美产生的内在规律，为实际运用中色彩的再现提供可靠的依据。

根据色度学的原理把颜色按照特定的秩序组织起来的颜色体系叫作"色彩系统"。通常完整的色彩系统总是以量化的色谱形式呈现，其形状呈三维状态，因此，又称为色立体色谱系统，简称色立体。这个系统的建立是色彩学家在专门的标准化环境中测试并建立生成的。

1. 原色、间色、复色

原色：即原始之色，是指色彩系统中最初的发端颜色。在色彩学史上，原色的色数有多种说法，如三色、四色、五色、六色甚至七色之说。这里主要介绍三色说，这也是最普遍的说法，认为色彩系统发源于三原色，三原色是不能再分解的颜色。这里需要说明的是光的三原色与颜料的三原色是有区别的，是两种不同属性的三原色。

光三原色是红、绿、蓝。光三原色相加为白光（图 6-4）。

颜料三原色是红、黄、蓝。颜料三原色混合结果是黑色（图 6-5）。

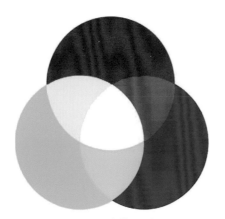 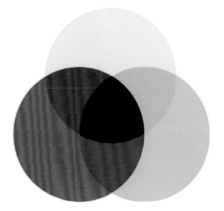

图 6-4　光的三原色　　　　　　　　　　　图 6-5　颜料的三原色

间色：两种原色混合形成的颜色叫间色。

复色：色相环中，一种原色与之相对应的间色的混合色，或者两种间色的混合色称为复色。复色包含三种原色。

2. 色相环

将不同色相的色彩按一定规律有秩序地排列成首尾相连的环形称色相环。如 6 色相环、12 色相环、24 色相环、36 色相环等（图 6-6）。

3. 色彩对比

同类色：同一色相，不同明度、灰艳的色彩称同类色。如深红和浅红。

邻近色：色相环中紧邻相依的色彩称邻近色，或指色相环中相距 30° 范围内的两个色相，如黄色和黄绿色。

类似色：色相环中相距在 30°~60° 范围的色彩被称为类似色。如橙色和黄色、橙色和黄绿色。

中差色：色相环中相距在 61°~120° 范围的色彩被称为中差色。

对比色：色相环中相距大于 120° 范围的色彩被称为对比色。如黄色和紫色、黄色和蓝色。色相环中相距 180° 的对比色，被称为补色，是对比最强的色彩。

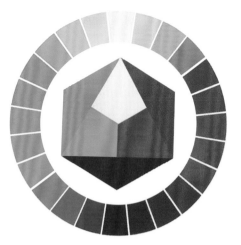

图 6-6　色相环

4. 色立体的构造

色立体是用空间的形式表达色彩三属性关系的色彩系统（图 6-7）。著名的色立体有孟赛尔色立体和奥斯特瓦尔德色立体，它们的结构原理是一致的（图 6-8、图 6-9）。今天我们电脑软件的调色板为我们提供了更多的色彩系统，常见的典型系统有 L*a*b 系统、RGB 色彩模式、HSB 色彩模式、CMYK 色彩模式。

色立体可以使色彩量化、标准化和系统化，可以准确地解决色彩的传达问题，使色彩的科学研究变为可能，同时也为服饰图案的色彩设计与运用提供了比较可靠的物质基础。

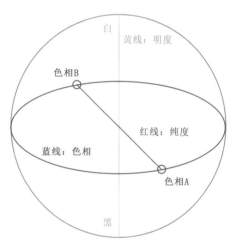

图 6-7　色立体原理图

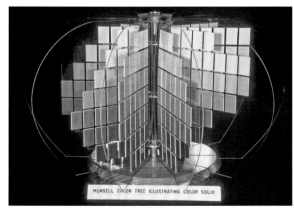

图 6-8　孟塞尔色立体

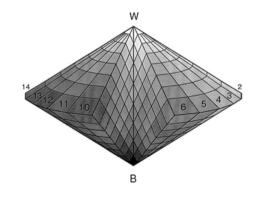

图 6-9　奥斯特瓦尔德色立体

第二节 / 色彩心理

　　色彩心理是指色彩知觉过程中人的心理感受。当色彩现象刺激了视觉神经时，同时也会引起其他相关神经的兴奋，唤起感觉经验，因此对色彩的判断也就不仅仅是视觉范畴的，它也包括了其他感官的反应及理性的记忆思考。如对于不同色彩的感觉，人的反应不仅是色彩差异的分辨，同时也有感觉经验上的差别，因而有冷暖、轻重、强弱等的色彩心理反应，也有对不同色的好恶要求。研究色彩的心理，掌握人们认识色彩和欣赏色彩的心理规律，是为了更有效地将色彩运用到服饰图案中，装饰美化人们的生活。

一 色彩心理的基础

1. 历史时代环境的基础

　　每个时代都有其审美的特征，这种时代的审美特性决定了这个时代对色彩美的看法。在一个时代看来不美的色彩，在另一个时代却是美的。比如中国历史上的唐代崇尚富丽的色彩，而宋代则崇尚清淡的色彩。现代工业社会中，为了刺激消费，设计师往往强化这种时代性的特征，利用人赶时髦的心理，来设计美化现在与将来，使过去"老化"，流行色就是建立在这个基础之上的。

2. 民族、地域文化的基础

　　每个民族都有其民族自身的特性，每一个地区都有其文化的特征，不同民族、地域文化的特征决定了不同民族、地域的人对色彩的看法，决定了他们的审美。比如绿色在信奉伊斯兰教的国家和地区是最受欢迎的，但在有的西方国家却不太受欢迎。了解这些，对于服饰图案色彩的设计是非常重要的。

3. 个人生活经验的基础

　　对于客观存在的世界，每个人非真实客观存在的感受又存在着差异，往往这些非客观的存在却实在地影响着人们对色彩好恶、价值的判断。人的色彩心理往往是维系在一种主观判断之上的，这与人的生活经历、个性特征有很大关系，心理学上有过这样的研究结果：不同气质的人具有不同的心理特征，对色彩的审美感受也有区别；不同年龄的人对色彩的喜好也有区别，了解这些，对针对性强的色彩设计是有帮助的。

二　共同的色彩心理反应

人类虽然有众多的不同，但都具有共同的生理机制和情感，虽然生活在不同的地区、不同的时代，在对色彩心理感知方面也存在着共性。

1. 色彩的冷暖感

色彩本身并无冷暖的温度差别，是视觉色彩引起人们对冷暖感觉的心理联想。

"冷"和"暖"这两个词原是指温度的经验。如太阳、火本身的温度很高，人的皮肤被照后有温暖感。像大海、远山、冰、雪等环境有吸热的功能，这些地方的温度总是比较低，有寒冷感。这些生活经验和印象的积累，使视觉变成了其他感观的先导，只要一看到红橙色，心里就会产生温暖和愉快的感觉；一看到蓝色，就会觉得冰冷、凉爽。所以，从色彩心理学来考虑，红橙色被定为最暖色，蓝绿色被定为最冷色。它们在色立体上的位置分别被称为暖极、冷极，离暖极近的称暖色，像红、橙、黄等；离冷极近的称冷色，像蓝绿、蓝紫等；绿和紫被称为中性色（图6-10）。

图 6-10　暖色调与冷色调

在色彩设计中，一切冷暖色感均来自不同的组合对比，而不能单独地、孤立地就某一色套用冷暖色感。如：同是红色系中的玫红冷而橙红暖；黄色系中的柠檬黄冷而中黄暖，这是比较出来的。

2. 色彩的轻重感

决定色彩轻重感的是明度因素。在色彩组合中，明亮的色有轻感，如白、黄等高明度色；而深暗的色有重感，如黑、藏蓝等低明度色。由于人们对客观物体的判断总是以视觉信息为主导，因此即使是同样重量的物体，由于外表色彩的不同，人们会产生不同的重量感（图6-11）。

白色最轻，黑色最重；低明度基调的配色具有厚重感，高明度基调的配色具有轻盈感。在服装设计中应注意色彩轻重感的心理效应，如服装上白下黑给人一种沉稳、严肃之感，而上黑下白则给人一种轻盈、灵活感。

图 6-11　色彩的轻重感

图 6-12　色彩的软硬感

图 6-13　服装色彩的软硬感

3. 色彩的软硬感

软硬主要决定于明度，而纯度的影响则不十分明显。通常，浅亮的颜色有软的感觉，而深暗的颜色有硬的感觉。高纯度与低明度的色彩都有硬感，中纯度的则相对有软感。纯色加白，增加软感；纯色加灰，随灰量的递增，则由软感向硬感变化（图 6-12）。

色彩软硬感的处理，在纺织品色彩中较为明显，如柔软或稀薄织物的理想用色是高明度的浅色（浅蓝、浅米黄、粉绿、浅粉），是绒布、涤棉、麻、纱等面料的常用色；而中厚织物或呢绒类织物一般用有硬感、色相感不明显的深暗色（如深褐、暗绿、酱紫或暗红等）。在女装设计中，为体现女性的温柔、优雅、亲切，常采用软感色彩，而男装和职业装或特殊功能服装，常采用硬感色彩（图 6-13）。

4. 色彩的强弱感

色彩的强弱感主要受明度和纯度的影响。高纯度、低明度的色感强，低纯度、高明度的色感弱。从对比角度讲，明度的长调、色相关系中的对比色和补色关系有种强感，而明度的短调（高短调、中短调）、色相关系中的同类色、类似色有种弱感（图 6-14）。

图 6-14 色彩的强弱感

5. 色彩的明快、阴郁感

决定色彩明快、阴郁感的主要因素是明度和纯度，而色相的对比则是次要的。高明度、高纯度的暖色有明快感，低明度、低纯度的冷色有阴郁感。无彩色的白色明快，黑色阴郁，灰色是中性的。从调性来说，高长调明快，低短调阴郁（图 6-15）。

图 6-15 色彩的明快、阴郁感

6. 色彩的兴奋、沉静感

这一色感与色彩的三属性均有关系，以纯度影响最大。高纯度、高明度的色彩给人兴奋感，中、低纯度和中低明度的色彩给人沉静感。从色相分析，紫、绿为中性，蓝紫、蓝、蓝绿属沉静色，红、橙、黄都属兴奋色（图 6-16）。

图 6-16 色彩的兴奋、沉静感

7. 色彩的华丽、朴实感

色彩的华丽与朴实感与色彩的三属性都有关联，明度高、纯度也高的色显得鲜艳、华丽，如新鲜的水果色；纯度低、明度也低的色显得朴实、稳重，如古代的寺庙、褪了色的衣物等。

红橙色系容易有华丽感，蓝色系给人的感觉往往是文雅的、朴实的、沉着的。但漂亮的钴蓝、湖蓝、宝石蓝同样有华丽的感觉（图6-17）。以调性来说，大部分活泼、强烈、明亮的色调给人以华丽感，而暗色调、灰色调、土色调有种朴素感（图6-18）。

图6-17 华丽的色彩

图6-18 朴实的色彩

第三节 / 服饰图案色彩设计的方法

一　服饰图案色彩的特点

服饰图案色彩的特点表现在两个方面，一方面服饰图案色彩属于设计色彩，与客观现实的自然色彩有很大差别，体现了很强的主观性与装饰性；另一方面，服饰图案的色彩依附在特定的服装上，所以色彩的设计要考虑到生产工艺的制约、使用的对象，以及使用的具体要求，要遵循实用、经济、美观的原则。

二　服饰图案色彩设计的基本原则

一般来说，一个颜色不存在漂亮与不漂亮的问题，它只有与周围的颜色搭配在一起才能体现美与不美。色彩设计中要解决的配色问题是两个以上的色彩如何组合与匹配的问题。不同色的匹配是建立在不同色性和色量的差别上，所谓差别就是对比。色彩的对比是多方面的，主要有色性的差别，是以三属性、冷暖等对比因素体现的；色量的对比关系是由各色所占面积、位置及不同形状等体现的。

尽管配色方案千变万化，各色差别有大有小，服饰图案色彩的搭配还是有一个大的基本原则——调和，就是指色彩对立统一的协调关系，就像音乐要有旋律一样，否则就是噪音了。音乐要悦耳，同样，色彩要悦目。

1. 同一性原则

同一性原则是指用同一性的手段使色彩调和，使设计的色组群中的色彩都带有同一性的原则的方法。如色相同一、纯度同一、明度同一、技法同一等。

2. 对比性原则

对比性原则是指强化或者削弱色彩对比的强度，使之达到视觉所需的特定的最佳状态的对比关系。色彩的美感需要一定的对比，如明度的对比、艳度的对比、面积的对比、位置的对比等，对比要掌握度，过强的对比会产生视觉疲劳，太弱的对比会感觉没有精神。

3. 季节性原则

季节性原则是指色彩的调和状态要遵循季节的更替带来的人们对服饰色彩期望值的原则。人对服装色彩的期望不是孤立形成的，与常态的季节色彩变化规律有很大的联系，另外，这种季节性的服装色彩变化规律还建立在长时间对某些色彩所产生的视觉疲劳的基础上，为求得心理上的平衡而产生对另一些色彩的期待。另外，不同地域的人在不同季节中对服装色彩的期望也有所不同。在欧美一些国家，冬季人们喜欢鲜艳的颜色，与自然的萧条色彩产生对比，在夏季素雅的色彩比较受欢迎；在日本人们对色彩的期望则更多倾向为与季节色彩的协调一致。

4. 流行性原则

流行性原则是指服饰图案色彩的设计要符合流行性的原则。流行色彩的产生是以严谨的分析和整体的观察预测推理出来的结果，涉及时代背景、自然气候、审美心理、民族地域等诸方面的因素。服饰图案色彩设计是流行色运用的一个较大领域。

三 服饰图案色彩协调的方案

1. 色彩属性调和方法

（1）以色相调和为基础的色彩搭配。使某一色相对其他色相都有所影响，从而使这一色相占支配地位，起主导作用。如6色相环中的色彩，如果以大红为主导，色相搭配可以是大红、橘红、橘黄、灰绿、灰紫和玫红；如果以紫色为主导，色相搭配可以是紫色、群青、灰绿、灰黄、棕色和玫红（图6-19）。

图6-19　色相调和

（2）以明度调和为基础的色彩搭配。以明度因素来调和色彩，从而形成配色秩序的调和方法。仍然以6色相环中的六色为例，如果只是简单地组合，就缺乏秩序感，可以在六种色中分别加入白色或者灰色、黑色，对色彩的明度加以调整，就可建立起一种配色秩序，达到明度上的和谐。就是说在不改变色相的情况下，通过加白，达到高明度的色调；通过加灰，达到中明度的色调；或者加黑，达到低明度的色调（图6-20）。

（3）以纯度调和为基础的色彩搭配。在一组缺乏配色秩序的色相中，分别加入与该色相明度相同的灰色，在不改变明度的情况下，达到纯度的统一。如将鲜艳的颜色做了纯度统一处理后，各色明度都不变，而只是在纯度上建立起配色秩序（图6-21）。

2. 色性调和方法

以色彩冷暖关系的调和为基础的色彩搭配，就是在一组色相搭配中，用色性调和来达到统一和谐的方法。通常我们说的冷色调、暖色调，就是以色性的调和表达的色彩关系（图6-22、图6-23）。

3. 色彩分离调和方法

当所用的某一组色处于不够协调、矛盾的状态时，在不变各色对比、变化的前提下，也可用隔离手法处理达到协调的效果。具体方法是在这几色之间加入分离色，它可以起到沟通不协调色的作用。一般用黑、白、灰，常用的手法是用这

图6-20　粉色调

图6-21　灰色调

图6-22　暖色调服装 [2015威斯敏斯特大学时装秀（Westminster BA Fashion Design Show 2015）]

图6-23　冷色调服装

些颜色来勾边，将不协调的色彩分离；或用这些颜色做底色，加上原先的不协调色。在分离手法的运用中，也可以在不协调的色彩之间，加上中间色来点缀，以增加分离手法的调和效果（图6-24）。

4. 渐变的调和方法

渐变是最有秩序感的色彩调和方法。通常以三属性中的某一属性来渐次变化，色彩自然转换。比如色相渐变，我们可以取24色相环中顺序衔接的任何三个或三个以上颜色，就是具备次序感的，色相差的跨度不宜过大，过大会缺乏秩序感。在明度与纯度的渐变中，色彩极具统一性。从一种色到另一种色变化过程中，至少要有三个层次，渐变层次越多，效果越佳（图6-25）。

5. 色彩面积调和方法

在色彩的调和过程中，色彩面积的大小对色

图6-24　服饰图案色彩的分离调和

调的形成起着决定性的作用，大面积的色彩往往是决定色调的关键。相同的色彩搭配在不同的图案中因为面积的不同而可能产生不同的色调。因此我们在实际运用中，可以通过大面积的色彩来确立主色调，用小面积的色彩作对比，这样可以使画面色彩丰富而且和谐（图6-26）。

图6-25　渐变的色彩调和

图6-26　色彩面积的对比

第四节 / 服饰图案色彩设计的灵感来源

图案的色彩贵在创新，创新是设计的灵魂。如何才能进行色彩设计的创新，就是要不断解决灵感的来源问题。灵感不是瞬间突发的设计构思或稍纵即逝的创作思维形式，它是在丰富的客观生活积累中，吸取营养进行创新的设计过程，因此生活是设计的源泉。图案色彩设计的灵感来源我们可以从以下几个具有代表性的方面作一些分析。

一 传统的色彩

我国有着悠久的传统色彩文化，从仰韶文化的彩陶到汉唐的丝绸，从"唐三彩"、青花瓷到景泰蓝，从民间艺术到民族服饰色彩等，构成了我国色彩文化极为丰富的内容。这些丰富的民族色彩宝藏从色彩的认识论到色彩的组合运用，都有极其丰富的内涵，有待我们的进一步研究，在继承中进行色彩设计的创新（图6-27）。

图6-27　Roberto Cavalli 2005 青花瓷系列

二 自然的色彩

自然对于设计来说是取之不尽的源泉，色彩的设计因此也不例外，工业发达国家的设计师在很久以前就把设计的视线转向了大自然。自然中巧妙的色彩搭配给我们很多启迪，天空大海湖泊的色彩、沙漠草原森林的色彩、各种动植物的色彩、季节的色彩等，从宏观到微观，有着我们难以想象的绝妙色彩。看一看这几年的流行色预测，几乎每一季都有至少一个自然的主题。

在 Giambattista Valli 2014 秋冬系列中，设计师巧妙地运用了各种植物的造型和颜色，结合面料如花般的触感，将花朵优雅的色彩直接展现在裙身各部位（图 6-28）。

图 6-28　自然色彩提取（Giambattista Valli 2014 秋冬系列）

三　其他艺术形式的色彩

其他艺术形式的色彩是指对其他艺术形式色彩的借鉴。在设计领域对国外抽象派艺术借鉴的例子已不是什么新鲜的事了，如服饰图案中对蒙德里安作品的直接借鉴。我们可以将这样的思路扩大化，可以从传统艺术以及现代艺术中受到启示。

在艺术创作领域中，各艺术有其各自的特点，它们由于相互之间的差异而存在着区别，同时各种艺术又都有共同点，彼此之间相互联系、互相影响，不断得到发展。作为艺术创作活动之一的服装色彩设计也同样如此，能够在绘画、音乐、电影、戏剧、建筑及其他艺术领域中得到设计构思的诱发和启示。如图 6-29 所示，水墨色灵感来源于中国传统绘画中的中国水墨画，黑白灰深浅不同，再加上中国传统绘画中的颜料色，自然、高贵，形成中国传统绘画色彩的风格。壁画和绢画的色彩也都不受自然色相的限制，装饰性非常强，为服装色彩设计提供了丰富的资源。西洋绘画中，从古典绘画到印象派的色彩表现，从洛可可艺术到现代派艺术的色彩风格，从蒙德里安的冷抽象到康定斯基的热抽象，都可以为服装色彩设计提供借鉴。从东方艺术到西方艺术，都可以从中找到配色美的规律运用到服装配色中，丰富现代服装配色的方法和手段，与时尚结合为一（图 6-30）。

图 6-29　水墨色彩的服装

图 6-30　印象风格色彩的服装

四　异域的色彩

服饰文化已经成为一个全球共同的体系，世界各地各民族文化相互影响，从各个历史时期和各国的民俗风情中发掘色彩创作灵感，具有时代意义。古埃及的原始色彩、古罗马浑厚温暖的颜色、古老的阿拉伯地毯色彩、非洲的热带原始森林和豪放的印第安色彩等，这些古典浓郁的异域色彩与新世纪流行色彩相结合，为服装设计提供了纷繁多样、风格迥异的色彩源泉（图 6-31）。

五　电脑分析的色彩

电脑分析的色彩是指通过电脑仪器设备对自然界中的色彩进行测试与综合分析，然后进行色彩归纳，这是借助现代科技手段汲取色彩灵感的办法。另一方面电脑分析的色彩也可以指对色彩系统的分析与合理的运用。在色立体中按照一定的规律选取的若干颜色所形成的色组，通常呈现出有序的色彩状态。在实际的运用过程中这种方法对色彩和谐的把握非常有效（图 6-32）。

图 6-31　异域色彩的服装

PMS 684	PMS 685	PMS 686	PMS 687	PMS 688	PMS 689	PMS 690
PMS 691	PMS 692	PMS 693	PMS 694	PMS 695	PMS 696	PMS 697
PMS 698	PMS 699	PMS 700	PMS 701	PMS 702	PMS 703	PMS 704
PMS 705	PMS 706	PMS 707	PMS 708	PMS 709	PMS 710	PMS 711
PMS 712	PMS 713	PMS 714	PMS 715	PMS 716	PMS 717	PMS 718
PMS 719	PMS 720	PMS 721	PMS 722	PMS 723	PMS 724	PMS 725
PMS 726	PMS 727	PMS 728	PMS 729	PMS 730	PMS 731	PMS 732

图 6-32　标准化的数据色彩（PMS）

六　图片的色彩

以各类彩色印刷品上和谐的摄影色彩与优秀的设计色彩作为灵感的启示，以图片中的色彩为依据，用联想的方式间接地把客观色彩转到服装色彩设计之中，是获取色彩灵感的快速便捷的途径。彩色图片的题材广泛，内容可以说是应有尽有，不管它是什么内容，只要色彩是美的，对我们的创作有所启示，它就是好的采集对象。图 6-33、图 6-34 就是从图片中提取的色彩。

图 6-33　图片色彩分析提取

图 6-34　从图片提取的色彩

　　总之，色彩的灵感来源是多方位的，灿烂的阳光、清新的空气、茂密的森林、清澈的河流……以及人类文化的宝贵财富，都是现代服装色彩设计的巨大源泉。不同的服饰文化需要不同的色彩设计风格，我们对服装色彩设计应有充分全面的研究认识，汲取各方面的艺术营养，重视个性化的需求，在创新设计中不断探索，创造出符合现代人文精神和物质生活需求的高品位、高标准服装与服饰图案。

思考与练习

　　1. 服饰图案色彩设计中的配色原理一般有哪些？请举例说明有哪些常用的配色方法？你在配色上有何创新想法？

　　2. 从影响色彩喜好的几个方面入手，分析不同色彩组合产生的原因。

　　3. 色相对比练习。以相同的图案完成 8 个不同的色彩对比关系（10cm×10cm）。分别为：无彩色对比、无彩色与有彩色的对比、同类色对比、类似色对比、中差色对比、对比色对比、补色对比、综合对比。每张 3 色。

4．色调练习。以相同的图案完成 10 个不同的色彩调性练习（10cm×10cm）。分别为：色相统调、明度统调、纯度统调、冷调、暖调、面积统调、隔离统调、色相渐变统调、纯度渐变统调、明度渐变统调。

5．色彩提取与运用。选择三张不同色调的摄影图片，分别进行色彩提取，每张提取 5~8 色。用提取的三组色彩，完成相同图案的不同配色（10cm×10cm）。

服饰图案的制作工艺

第七章

第一节 / 印染工艺

印染工艺是指通过印花染色的工艺，使花纹附着在面料上。印染工艺可分为手工印染与机器印染。机器印染主要有圆网印花与平网印花，圆网印花主要用于连续式纹样，平网印花多用于独幅面料的纹样；手工印染主要有传统的蓝印花布、扎染、蜡染等，有些丝网印花也是手动的。印染用的染料有直接染料，是可以直接染色的，有的则需要媒染剂。这些染料在面料上的附着力强，色彩也非常丰富，表现力强，是现代服装图案设计中最为常见的表现手段之一。从印花的原理来讲，印花有直接印花、防染印花、拔染印花，还有一些现代技术的特色印花。

一 直接印花

直接印花（Direct Print）是直接在白色织物或在已预先染色的织物上印花，印花图案的颜色要比所染底色深得多。大量常见的直接印花是水浆印花，具有工艺程序直接简单、成本低廉的特点，是应用最广泛的印花方式。机器印染一般都是直接印花，如丝网印花、滚筒印花。常见的直接印花需要分套色，一色一版，所以设计图案时也要分套色。

现代的数码印花也是一种直接印花，它通过数字形式输入进计算机，运用计算机印花分色扫描系统（CAD）编辑处理，再由计算机控制微压电式喷嘴把专用染液（活性染料、分散染料、酸性染料或者涂料）直接喷射在棉、麻、丝、化纤面料上，形成所需要的图案（图7-1）。

图7-1　直接印花

二 防染印花

防染印花是通过防止染料上染的方法形成花型。常见的有传统的扎染、蜡染与蓝印花布的印花工艺等，以手工操作为主，机械化生产不是很普遍。

1. 扎染

扎染是借助于纤维本身及不同的扎结方法，有意识地控制染液渗透的范围和程度，形成色差变化，从而形成自然的纹理变化和斑斓的晕色效果。尽管扎染图案种类繁多，但图案本身并不能表达出一套服装的美，而是要考虑服装与图案之间的关系，以及图案的布局分配，使之成为一个协调统一的整体，必须将纹样、色彩、缝扎技艺有机地结合起来。在当今怀旧及回归自然的思潮里，具有质朴、原始、自然特点的扎染再度得到人们的关注（图7-2）。

<table>
<tr><td>（a）扎结</td><td>（b）鱼子缬</td></tr>
<tr><td>（c）白族扎染</td><td>（d）现代彩色扎染</td></tr>
</table>

图7-2　扎染纹样

2. 蜡染

蜡染是我国古老的传统印染方法之一，古代称为蜡缬。最早盛产于隋唐时期，后因制造技术逐步发达，蜡染工艺逐步流行于民间，成为具有代表性的民间工艺品种。

蜡染是利用蜡的排水性，在面料上按纹样的需要进行"封蜡"，下缸染色后，因蜡的防染作用而呈现纹样。蜡染图案粗犷自然、典雅、古朴，别具韵味。蜡染运用的手法十分灵活，可以根据不同的设计主题进行图案表现，或粗犷或细腻，或浓烈或淡雅，也可通过传统的工艺表达极具现代感的图案。

民间蜡染的图案大多由自然纹样和几何纹样组成。自然纹样中的花、鸟、鱼、虫经过夸张变形，极具装饰性。有的自然纹样经过提炼变成几何纹样，如苗族蜡染中的螺旋纹。几何纹样是运用最多的纹样形式，即使采用了动植物纹样，也可灵活运用几何骨架来分隔或构图。运用最多的是凹凸纹。此外，还有螺旋纹、圆点纹、锯齿纹和菱形纹等。图 7-3 为北京服装学院民族服饰博物馆馆藏的具有民族特色的蜡染纹样。

图 7-3　蜡染纹样

3. 蓝印花布

蓝印花布，俗称"药斑布"，也叫靛蓝花布。蓝印花布有蓝底白花和白底蓝花两种形式。

蓝印花布有着悠久的历史，是起源于秦汉而兴盛于唐宋的传统印染花布的代表品种。蓝印花布是用豆粉石灰浆来防染，步骤是刻画版—刮灰浆—染色，最后去灰浆，形成蓝地白花。

蓝印花布的题材丰富，植物题材有牡丹、梅花、石榴、桃子、佛手等；动物题材有龙、凤、虎、鸳鸯、蟾蜍、麒麟等；几何纹样有猫蹄花、鱼眼纹、方胜纹、回纹等；吉祥纹样有福、寿、喜等文字以及花瓶、果篮、古钱、扇子、长命锁等器物纹。这些题材来自民间，采用谐音、寓意、象征等表现手法，表达了人们对美好生活的向往和追求（图 7-4）。

图 7-4　蓝印花布纹样

三　拔染印花

拔染印花是织物经过浸染后，用可破坏浸染料的拔染浆进行印花，再通过汽蒸或热处理使花纹部分还原成白色的印花方法。所以拔染印花多为彩地白花，称"拔白"。如果在拔染色浆内加入化学惰性着色剂，在拔去底色的同时，也可以上色，称"拔色"。适用于拔染印花的底色染料，常见的是直接染料、活性染料、酸性染料、分散染料和碱性染料。颜料由于具有化学惰性，因此不宜作为拔染的底色，但却最适宜加入印花色浆，以产生着色拔染效果。拔染印花技巧常用于在深色底上印上细而淡的线条或花纹图案（图 7-5）。拔染面料在现代服装设计中的运用并不常见。

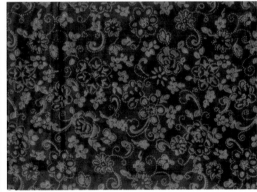

（a）T恤拔染纹样　　　　　　　　　　　　　（b）布料拔染纹样

图 7-5　拔染印花

四　其他特色的印花

1. 涂料印花

涂料印花是一种用涂料直接印花的方式，通常又叫干法印花，以区别于湿法印花（或染料印花）。通过比较同一块织物上印花部位和未印花部位的硬度差异，可以区别涂料印花和染料印花。涂料印花区域比未印花区域的手感稍硬一些，也会更厚一点。如果织物是用染料印花的，其印花部位和未印花部位就没有明显的硬度差异。

涂料有鲜艳、丰富的颜色，可用于所有的纺织纤维。它们的耐光牢度和耐干洗牢度非常好。此外，涂料几乎不会在不同批次的织物上产生较大色差，而且对底色的覆盖性也很好。因此广泛用于装饰织物以及需要干洗的服装面料（图7-6）。

2. 植绒印花

植绒印花是将纤维的微粒粘在织物的花纹图案上的印花方式。首先使用一种高强度的粘合剂在织物上印上花纹，然后将纤维绒毛粘合于已印花的部分。如要产生有色绒毛印花效果，在印花前需将绒毛染色（图7-7）。

图 7-6 涂料印花　　　　　　　　　　　　　图 7-7 植绒印花

3. 烂花印花

烂花印花亦称透明加工、腐蚀加工，是由两种纤维组成的织物，其中一种纤维能被某种化学品破坏，而另一种纤维不受影响。因此可以用一种化学品调成印花色浆进行印花，印花后，经过适当的后处理，使其中一种纤维被破坏，便形成特殊风格、透明格调的烂花印花织物（图7-8）。与植绒印花一样，在印花色浆中加入着色剂可产生着色效果。

印花的效果与印花的工艺技术的发展是分不开的。除了以上介绍的印花方式，还有转移印花、发泡印花、烫金烫银、光变印花、水变印花等，让纺织品呈现出丰富多彩的花纹效果。

图 7-8 烂花印花

第二节 / 色织、提花工艺

一 色织工艺

色织工艺是指选用色纺纱、染色纱、花式线和漂白纱，配合组织结构的变化，织造出具有彩色条纹、方格图案的一种机织物生产工艺。

色织物是用染色纱线织造的织物，可利用织物组织的变化和色彩的配合获得众多的花色品种。由于生产工艺的限制，色织物在造型和图案设计上远不如印花织物灵活、生动、多变和广泛。但是通过色彩、织物组织、纱线结构的变化，可使织物具有独特的美感。通过织物组织和色彩的相互衬托，可使织物的花纹、图案富有立体感。在色织工艺中，当一种色纱连续排列的根数大于组织循环纱线数时，织物表面以色纱效果为主，显示色条、色格、色彩小提花的图案；当一种色纱连续排列根数不大于组织循环纱线数时，色纱与组织同时起作用，织物表面呈现由色经、色纬组织点联合构成的花纹图案（图7-9、图7-10）。

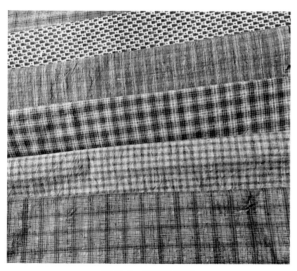

图7-9 手工色织布

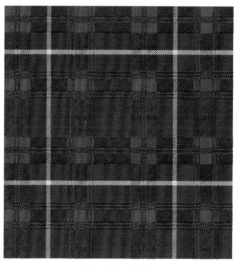

图7-10 机织布

二 提花工艺

提花是指利用组织结构的变化形成纹样的织造方法。提花有单色提花和彩色提花。单色提花是通过经纬纱线交织后织物组织的变化形成凹凸的花纹，因为色彩没有变化，所以我们也称其为暗花。彩色提花的工艺比较复杂，是通过设计安排纱线排列变化、纱线种类变化或者经纬组织结构变化等问题之后让经纱和纬纱按规律相互交织沉浮，使得织物表面最终形成不同的织纹图案，让提花产品具有独特的视觉效果和触觉肌理效果，这也是提花织物面料的艺术美所在。

早在新石器时代晚期，丝织物就出现了，通过古丝绸之路，中国丝绸的织造方式扬名世界各地。在古代被皇家御用，并公认为"东方瑰宝"。色织与提花的结合，更加丰富了提花的形式，代表古代丝织物最高技术水平的三大名锦就是这种工艺的典型代表。

提花按花纹大小，可分为小提花、大提花；按材质，可分为丝绵提花、混纺提花、仿丝提花等。

1. 小提花

小提花面料由多臂机生产织造，其组织结构一般运用单一简单组织、变化组织或者是组合结构，其花纹图案就是由织物组织本身直接产生。小提花服饰面料必须通过精心巧妙的设计构思，一般采用两种或两种以上简单组织或是小循环组织进行设计结合，组织与色彩的排列配合也十分考究，才能使面料表面呈现出独具匠心的图案效果（图7-11）。

图 7-11　小提花

2. 大提花

大提花面料是一种高档的纺织面料，用提花机织造。提花机不用综框，多根彼此可以独立运动的纹针来控制经线，使各经线之间互不干涉、各自运动，从而织造出各种花纹。大提花面料的提花原理是用龙头、通丝、目板、综丝进行比较复杂的组合织成花纹，织制工艺较为复杂，一个花纹循环的经纬线数很大，设计出一只新的面料品种，需要经过整体设计、纹样设计、意匠、轧制纹版、装造、试织这些步骤，由此完成一个花

图 7-12　大提花

型设计不但工作量大，而且对设计者的技术经验要求高（图7-12）。

3. 彩色提花

彩色提花是指在织造之前就已经把纱线染成不同的色彩，织造的同时通过组织的变化形成提花纹，具有色织与提花两种工艺的特征。此类面料不仅提花效果显著而且色彩丰富柔和，是提花中的高档产品（图7-13）。

图 7-13　彩色提花

第三节 / 绣花工艺

一　绣花的概念

绣花，又称"刺绣"，古代称"黹""针黹"，以针引线，通过运针将绣线通过一定的针法在织物上组成各种图案和色彩的一种技艺。后因绣花多为妇女所作，故又名"女红"。

二　绣花工艺的基本分类

1. 手工刺绣

绣花工艺类型繁多，各具特色又互有长短，下面通过列举几种常用绣法说明绣花的特色。

（1）彩绣。彩绣泛指以各种彩色丝线绣制花卉图案的刺绣技艺，具有绣面平服、针法丰富、线迹精细、色彩鲜明的特点（图7-14）。在传统的服装服饰品中应用很多。彩绣通过多种彩色丝线的重叠、并置、交错产生丰富的色彩变化，尤其以套针针法来表现图案色彩的细微变化最有特色，色彩深浅交汇，具有国画的渲染效果。

（2）包梗绣。包梗绣主要特点是先用较粗的线打底或用棉花打底，使花纹隆起，然后再用绣线绣，一般用平针针法。包梗绣花纹秀丽雅致，富有立体感，装饰性强，适宜于绣制面较小的花纹与狭瓣花卉，如梅花，菊花等，一般单色绣制（图7-15）。

（3）雕绣。雕绣又称镂空绣，是一种有一定难度、效果十分别致的绣法，最大特点是绣制过程中按照花纹需要，剪出孔洞，并在剪出的孔洞里以不同的方法绣出多种图案组合，使绣面上既有大方的实地花，又有玲珑的镂空花，虚实相间，富有情趣。这种刺绣方法在过去手工服饰中常见（图7-16）。

图7-14 彩绣　　　　　　　　　图7-15 包梗绣　　　　　　　　　图7-16 雕绣

（4）贴补绣。贴补绣是一种将其他布料剪贴绣缝在服饰上的刺绣形式，也可以在贴花布与绣面间衬垫棉花等物，使图案隆起有立体感。贴好后，再用各种针法锁边。贴布绣绣法简单，图案以块面为主，在日常服饰中应用极广（图7-17）。

（5）丝带绣。丝带绣也称扁带绣，以丝带为绣线直接在织物上进行刺绣。丝带绣光泽柔美，色彩丰富，花纹醒目而有立体感，是传统服装常用的装饰形式之一（图7-18）。

（6）珠绣。珠绣是根据设计的图案，把多种色彩的珠片绣制到服装或面料上的一种加工工艺。一般是纯手工精制而成（图7-19）。

图 7-17　贴补绣

图 7-18　丝带绣

图 7-19　珠绣

2. 机绣

随着社会的发展，特别是科技带动服装工艺的发展，加之电脑刺绣技术的日渐成熟，使刺绣进入了机械化、数字化时代，大大提高了刺绣的生产效率，让刺绣得到了广泛的运用。现代机绣已经可以模仿很多手工刺绣的工艺，如图 7-20。但电脑绣花目前仍然无法取代传统的手工刺绣，因为刺绣的精髓是肌理感极强的针法和灵活的应变，配合各种针法表现出作品的空间、肌理效果，手工刺绣的很多技艺，现代机器还是难以实现的。

图 7-20　机绣的纹样

第四节 ／ 面料再造工艺

服饰图案也可以通过面料再造的工艺来实现，又称为面料的二次设计。平面的面料通过一定的面料再造手法处理形成图案，这种图案一般具有立体感或半立体感，以及镂空效果。

一 服装面料的立体设计

面料二次设计强调的是对后整理加工过的面料进行第二次处理，它可以是二维的，也可以是对面料立体的三维设计，其方法和处理手段多种多样。立体设计主要是通过皱褶、重叠、压拓、编织等手法，使面料具有立体感、浮雕感，产生更为丰富的肌理效果，具有特殊的触感。

1. 立体花型

通过对面料的裁剪、塑型、组合等制作过程可以设计完成对自然造型的模仿，比如绢花、丝袜花等布艺花，这些花卉可以写实，可以写意（图7-21）。

（a）立体花样式　　　　　　　　　（b）写意的立体花　　　　　　　　　（c）写实的立体花

图7-21　立体花型设计

2. 皱褶

面料的皱褶设计是用外力对面料进行打皱、抽褶或局部进行挤压、拧转、堆积等处理，改变面料的表面肌理形态，使其产生由光滑到粗糙的转变，有强烈的立体感。

现代服装面料皱褶设计可以用于整块面料，对面料外观进行肌理的重塑。例如日本设计师三宅一生从褶皱入手，充分发挥了褶皱面料本身所具有的表现力，作品"Pleats Please"（给我皱褶）在巴黎时装周上引起轰动，并使褶皱从需要被熨斗铲平的瑕疵一跃成为一种别样的设计美感，改变了面料平庸、单调的面孔，使服装更具有层次感、韵律感和美感。面料的褶皱设计也可以用于局部，与其他平整面料形成对比，可以通过捏褶、抽缩、缝饰、堆积等手法使面料形态发生改变，突出面料的肌理感与空间感，形成一种极具装饰性的艺术效果（图7-22）。

3. 缝压

面料的缝压设计可以通过机器绗缝或压印的手法对面料进行图案处理，使面料具有浮雕般的立体外观。机器绗缝是按照设计好的图案在面料表面进行绗缝而形成纹理效果，也可以在面料的反面附加一层海绵或是腈纶棉，来强化面料表面的立体感。目前，冬天的薄面服装进行面料图案处理多采用绗缝，展现服装材料凹凸不平的立体图案，并得到广大消费者的喜爱。压印设计选用

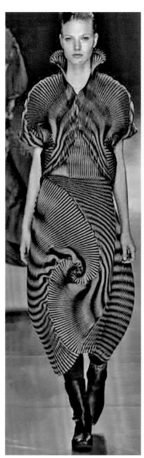

图 7-22 皱褶设计

的面料要求厚实且可以模压成型，一般选用较厚的皮革或经过特殊处理的可以压拓成型的面料。通过压印立体图案使原本平淡的面料焕然一新，不同的压印方法可以使同种面料形成风格迥异、新颖独特的视觉艺术效果（图 7-23）。

4. 叠加

叠加也是塑造面料立体效果的一种方式，通过多层面料叠加来营造面料的立体造型，形成一种重重叠叠又互相渗透、虚

图 7-23 缝压设计

实相间的别样的立体型空间。面料的重叠可采用同种面料或多种面料以各种叠加的手法来完成。不同的织物具有粗细、凹凸的质感对比，使服装产生层次感、丰满感和重量感，获得突出的表面装饰效果，充满视觉冲击力（图 7-24）。

图 7-24　叠加（穿针引线）设计

二　服装面料的添加设计

面料的添加设计是在成品面料的表面添加质地相同或不同的材料，从而改变织物原有的外观，形成有特殊美感的对比设计效果。例如利用绣、贴、挂缀等手法，把线、绳、带、布、珠片等材料运用其中，对服装面料装饰美化。

1. 结合绣花工艺的添加设计

结合绣花工艺的添加设计与传统的绣花相比，具有更加丰富的表现手法，包括了更多非常规刺绣材料的运用，以及各种刺绣手法的综合运用，形式上更加丰富多样，创新的思维在这里得到充分的体现。例如毛线、缎带、金属线、珠片等使面料显得精细而有变化，赋予面料新的活力；结合贴、补、挖、拼、填充等手法，来实现服装上的图案，或是利用机绣对服装面料进行全面的外观改造（图 7-25、图 7-26）。

图 7-25　结合贴补绣的面料再造　　　　　　　图 7-26　结合珠绣的面料再造

2. 烫贴

烫贴是一种新型的对服装面料进行再装饰的技术。主要是将添加物和面料粘合在一起，对面料外观进行再加工。烫贴的材料也十分丰富，例如水钻、金属粉、亚克力、塑料等。烫贴多用于面料的局部装饰，起到画龙点睛的作用。近年来，各种烫贴材料甚至已经作为服装配饰被采用，通过熨斗加温就可将印有装饰图案的烫贴材料固定在服装面料上（图7-27）。

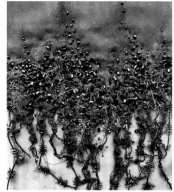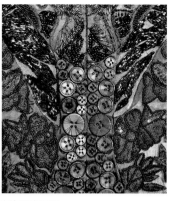

图 7-27　烫贴的服饰图案

3. 挂缀

挂缀是通过缝、悬挂、吊等方法，在现有面料的表面添加不同的材料使面料或服装表面出现变化的添加方式。其材料也很丰富，如珠片、丝带、蕾丝、缎带、羽毛、毛皮、皮革、金属等。近年来，服装面料上的附加装饰越来越多样，并起到了各种不同的视觉效果（图7-28）。

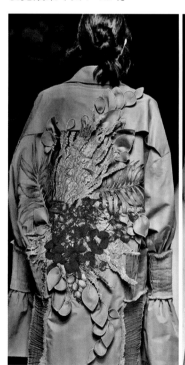

图 7-28　挂缀的服饰图案

三　服装面料的减损设计

通过对服装面料的减损形成服饰图案，比如抽丝、剪除、撕裂、镂空、磨损、烧、腐蚀等手法除掉部分材料或破坏局部，使其改变原来的肌理效果，打破完整，使服装更具层次感、空间感，形成一种新视觉美感的图案形式。

1. 抽纱

抽纱指抽取面料局部经线或者纬线，形成不同大小块面、不同形式、局部呈现只有纬纱或经纱的"洞"，使面料呈现透空感。还可在服装的边缘部分进行拉毛处理，形成流苏的效果。抽纱通过破坏面料的基本结构，大胆地打破完整、单一、平面、洁净的面料。设计师通常用这种手法来表达设计中的一些反传统服装观念（图7-29）。

图 7-29 抽纱形成的图案

2. 挖孔

通过使用切、剪、激光、腐蚀等方法在面料表面造成孔洞，不同形状的孔洞有序地排列，形成各种图案，营造出通、透、空的装饰效果。这种对面料的处理方法可打破整体沉闷感，产生更丰富的层次。可用于服装整体面料镂空与局部镂空，产生极具装饰性的效果（图7-30）。

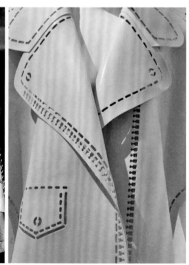

图 7-30 挖孔形成的图案

3. 破损

在完整的面料上通过进行切割、损毁等方式的人为破坏，使面料残缺，产生各种不规则的破损形态。这种面料再设计的方式营造出一种粗犷不羁的视觉效果。服装设计大师川久保玲和山本耀司受东方艺术美学的熏陶，摒弃裁剪缝制构成的严谨，使用撕碎、补丁、破口、反规则的边线等创作手法完成的非常规性设计（图7-31）。

图7-31　破损的处理手法

四　服装面料的3D打印

3D打印技术被更多的设计师运用到了服装设计中，不仅能呈现出自己的设计理念，同时，通过这种形式可以改变人们对于服装设计的刻板印象。随着科技的发展，一旦材料发生变革，3D打印或将给整个服装设计与制造行业，甚至艺术教育行业带来颠覆性变革（图7-32）。

图7-32　3D打印的服饰图案

面料再造的手法是现代服饰设计发展的结果，它既包含了所有现代技术对面料外观形式的改造，也包含了传统手法的创新运用。如利用传统的绘、染、印、绣等不同的手法来对服装面料进行二次设计。比如手绘的形式古已有之，而现代服饰上的手绘在材料、图案内容，以及表现形式上都有了创新。图 7-33 就是现代服饰上的手绘图案。在面料或服装上直接手工绘制的图案，可以是具象的形，也可以是抽象的形，采用的是印花色浆、染料色水以及各种涂料等无腐蚀性、不溶于水的颜料。手绘用笔挥洒自如，随意性大，不可复制，而且工艺限制少，方法简便。手绘还可以借鉴其他的绘画形式来表现，例如通过中国传统水墨画的表现技法，营造一种浓淡虚实、层层浸染的效果；再如涂鸦形式在现代服装上的运用等。面料再造的手法运用体现了现代服装设计的创新性。随着新技术的发展运用，面料再造的手段还将不断创新，这也是影响服饰图案现代感和流行性的重要因素。

图 7-33　手工绘染图案

第五节 / 编织工艺

编织工艺是服饰图案的又一特色工艺。相对于其他工艺而言，编织工艺的历史底蕴丰厚，是现代服装设计的重要表现手段。编织的材料以线形材料为主，有手工编织与机器编织。

一　服饰图案的编织材料

服饰图案的编织材料较为丰富，涵盖了多种材质，常见的有棉、麻、丝、毛等。

棉：棉花种子的纤毛。吸湿透气、柔软舒适，染色性能好，但弹性较差，缩水率大，棉线织成的服装易变形。经过丝光整理后有柔和光泽，多用于编织休闲服及夏季服装。

麻：麻或苎麻的茎、皮纤维，强度高、弹性好，吸湿透气，苎麻具有独特的麻结效果，常与其他纤维混纺。

丝：有天然的蚕丝、人造丝以及混纺的丝。丝质纤维表面具有光泽，且舒适性较好。丝线、丝带是常用的编织材料。

毛：天然动物毛中用得最多的是羊毛，它具有弹性好、吸湿性和保暖性好、不易沾污、光泽柔和等优良特性。兔毛由兔绒毛和粗毛混合组成，密度小，纤维细软蓬松，保暖性、吸湿性好；骆驼身上的外层毛为驼毛，粗硬坚韧，内层细短柔软的绒毛为驼绒。驼毛、驼绒保暖性好，是御寒佳品。

绒：牦牛绒及绵羊绒。牦牛身上的底绒质轻、柔软，保暖性极好，但染色性较差；绵羊绒由绵羊贴身短毛绒制成，其保暖性优于羊毛，手感柔软蓬松。因短毛绒抱合力较差，常与羊毛混纺，是高档羊毛绒线。

皮：天然真皮皮革（猪皮革、羊皮革、牛皮革）和人造皮革（人造革、复合革、合成革等），表面纹路自然，平整细腻、手感良好，染色性强，具备可塑性。

除了以上介绍的编织材料，还一些如草、玉米皮、藤条、柳条等韧性较好的植物纤维。这些质料通过一定的工艺处理可形成不同的绳、带、线的形态，成为编织可用的材料（图 7-34）。

图 7-34　藤条编织物

编织材质就形态而言可分为线、绳、带。

线，一般是指圆形相对细的线形材料，有玉线、股线等。玉线颜色多样，鲜艳光滑，多用于手链、脚链、项链、手机吊坠、包包的挂绳等。股线，有 3、6、9、12、15 股线，由多股丝线纽在一起，常用作流苏穗子，也常用做手链、项链、挂件等外部的绕线，股数越高，作品越精致，质地越柔软细腻。

绳，形态上比线要粗，有棉绳、麻绳、蜡绳、皮绳、包芯绳等。棉绳较为常见，一般为机编，分 8、16、32、48 股编制，可染制不同颜色；麻绳非常具有民族特色，质地也是比较粗的，常用来制作腰带、挂饰、手链、项链等；蜡绳由纽绳加工上蜡而成，蜡绳在上蜡前，是可以染任意颜色的，染色后上蜡的棉绳光泽好，是比较高档的辅料；皮绳质感柔软，可以用于手链、项链的编织，风格独特。

带，一般指形态较扁的线材。按照编制方法可分为平纹、斜纹、缎纹与杂纹等，从本身特性也可以分为弹性织带和刚性织带两类。按照工艺可分为梭织带和针织带。类型包括松紧带、绳带、针织带、子母带、丝绒带、绒带、印花带等。

二　编织工艺分类

1. 棒针编织

棒针编织是民间手工编织技艺的方法之一，是指使用线、绳以及条形纤维材料和编织工具通过编织、锁边等技巧来完成编织物品的一种手工技艺。棒针编织用于编织服装和服饰用品的历史悠久，具有丰富的文化内涵。

从花型变化上讲，人们创造并总结了近百余种针法，并在基础针法上进行针法的变化，产生出万千种编织纹样和色彩的组合。在系列服饰中，棒针编织的服饰品和编织的服装图案具有凹凸起伏的肌理效果；不同的针法之间相互交错穿插，可以形成扭曲而立体感强的纹样。随着人们审美情趣的变化，棒针编织的工艺品日趋精美化、多样化、风格化，特别是与时装搭配的围巾、帽子、手套更是服饰整体中不可缺少的要素和点缀。棒针编织不仅可以设计出个性的线条、配色和图案，还可以编织出独特的样式，体现不同的风格情趣（图 7-35、图 7-36）。

图 7-35　棒针编织的服饰图案

图 7-36　棒针编织的图案

进行棒针花型的编织时，要设计好每个花型的尺寸和服装结构分片的比例关系，计算好每一片内的花型排列，以及每个花型的针数。然后通过一排一排加织成片，形成花型，最后再缝合成服装或配饰。

2. 钩针编织

钩针编织是指用绳、线、纤维材料和带钩的编织工具，如钩针，通过钩织技巧来完成的编织物品的一种手工技艺。钩针用于编织服装和服饰用品历史悠久，其中蕴含了丰富的文化内涵和创意技巧。

钩针编织的品种有三类。一是衣物品种，如毛衫、外套、裙裤、背心、披风等。二是配饰品种，如围巾、帽子、披肩、手套、袜子、钱包、拖鞋、袜套、手提袋等（图 7-37）。三是纺织家居品种，如床罩、桌垫、窗帘、手帕等。

人们在长期的生活实践中，发现并总结出的针法花样百余种，因此，钩编的方法极其丰富，这种变化在于钩针针法的变化，钩编的技巧在于执针的灵活和绕线的松紧，主要是掌握钩环的技巧。针法与针距变化会使图案对服装整体造型产生不同的装饰效果。在系列服饰组合中，钩针编织的主要针法分为基础针法和变化针法（图 7-38）。

图 7-37 钩针编织的鞋

图 7-38 钩针编织的服饰图案

3. 绳带编织

绳带编织是指用两股及两股以上的细长纤维经多次拧合的条状物，材质为纤维物、皮革等，通过穿插、拧结、盘绕、提拉手段进行编织的工艺形式。

除了自然状态的线形，通过盘、结、编等方法，绳带可以产生多种造型，具备"点"与"面"的特征。如编织网和流苏，则具备"面"的特性；而若将绳带进行盘结，或绳带末端加入串珠、金属坠等，则突出了"点"的效果。

绳带编织具有实用性，使用简单，不需要复杂加工，其本身为纤维材质，柔软、易塑型，与服装整体和谐统一，同时具备视觉美感，具有极强的装饰效果（图 7-39 ）。

图 7-39　绳带编织的服饰图案

思考与练习

1．搜集各类工艺表现的服饰图案，整理并归类。

2．从搜集的各种服饰图案工艺中寻找设计灵感，设计图案，尝试用一种工艺表现技法完成一件小型服饰品的图案制作。

服饰图案的设计与应用

第一节 / 服饰图案的装饰部位

图案在服装上的装饰部位决定了服装视觉中心的位置。不同的人体部位曲线各有不同，服装附着其上会产生不同的曲面，恰当的图案运用到合适的部位，便会产生强烈的视觉节奏感，使服装充满激情与视觉冲击力。服装图案如何恰如其分地应用到不同的人体部位，如何产生画龙点睛的效果，便是我们下面所要解决的问题。针对不同部位，我们可以从以下几个方面阐述。

一 整体布局

装饰部位的图案设计，看起来是局部的设计，但要从整体入手。服装的款式整体布局、造型、色彩等方面要有主次和呼应。图案设计的部位一般会成为视觉的中心，所以主花型要放在主要的位置，然后是次花型，再是点缀的花型（图 8-1）。

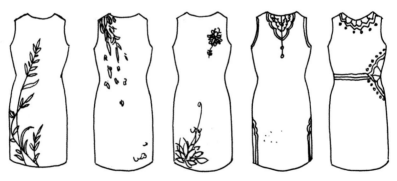

图 8-1 服饰图案的整体布局

二 局部设计

1. 胸背部的图案设计

从服装结构来讲，胸背部的面积较大，是服饰图案布局的重要部位，如 T 恤衫、夹克衫等上装，设计重点主要在前胸或是后背（图 8-2）。

前胸是上衣图案装饰的重点，其图案纹样的造型对上衣其他部分的纹样造型起着主导作用。如果前衣片没有图案，后衣片的图案可以独立存在，也可以作为这件上衣其他部分纹样的主导（图 8-3、图 8-4）。

图 8-2　前胸的装饰图案布局

图 8-3　前胸的图案装饰

图 8-4　后背的图案装饰

2. 衣领的图案设计

衣领是装饰颈部的主要零部件，服饰图案依附衣领的形态而存在。由于衣领接近人的头部，可以很好地衬托人的面部，所以成为最容易聚焦的视觉中心点。领部的造型变化丰富，高领、矮领、圆领、方领、立领、翻领，不同的领型对于图案的要求又不尽相同（图 8-5）。

3. 肩部的图案设计

肩部的装饰图案设计可以说与衣袖的设计紧密联系在一起。袖子大体可以分为插肩袖、装袖和无袖。随之肩部的造型便由此而生，肩部纹样的设计可以是对称的，也可以是不对称的（图 8-6、图 8-7）。

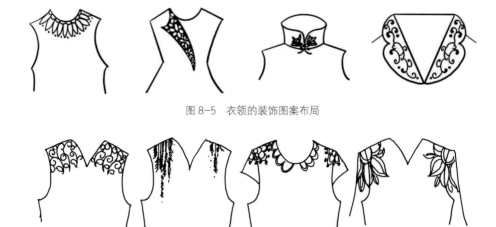

图 8-5　衣领的装饰图案布局

图 8-6　肩部的装饰图案布局

图 8-7　肩部的图案装饰

4. 腰、臀部的图案设计

腰部的图案设计一般用于女装，尤其是裙装、礼服等需要突出腰部的款型上。腰部图案的设计，要能衬托腰部的妖娆，突出人体曲线的优美（图 8-8）。臀部的图案设计一般会突出人体的胯部，比如肚皮舞服饰的设计（图 8-9）。

图 8-8　腰部的图案装饰

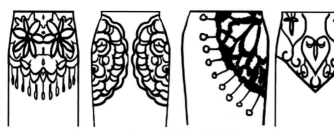
图8-9 臀部的图案装饰

5. 袖口的图案设计

袖子是指衣服套在胳膊上的筒状部分。袖口是袖管下口的边缘部位,袖子露出手臂的一端,短袖袖口露出胳膊,无袖袖口露出胳膊根。袖口成为服饰的一个重要展示部件,袖子装饰要根据不同服饰造型特点设计图案,可以运用二方连续、适合纹样、单独图案等进行装饰,也可以运用细褶、绣花、纽扣、花边、串珠、结带等手法进行装饰(图8-10)。

(a)传统袖口纹样　　　　　　　　　　　　　(b)现代袖口设计

图8-10 袖口的图案装饰

6. 衣摆的图案设计

衣摆主要是指服装的边缘,如下摆、门襟等。衣摆的图案设计往往要区别于服装的整体色彩,起到强调的作用,突出表现服装的廓型感。服装的装饰部位并不是一成不变的,主要注意处理好图案纹样的方向、面积与服装的关系,即使改变了常用的装饰部位,也可以获得理想的装饰效果(图8-11)。

(a)传统门襟纹样　　　　　　　　　　　(b)现代门襟设计

图8-11 门襟的图案装饰

7. 腿部的图案设计

腿部的图案装饰主要表现为对裤形的装饰。裤子上的图案纹样、组织形式以及装饰部位都应结合上衣，并以上衣为主导一起考虑才能达到整体和谐的装饰效果，如果对裤子单独进行设计，则图案的装饰一般设在裤子的脚口、膝盖、侧缝等部位（图 8-12）。

图 8-12　腿部的图案装饰

第二节／针对配饰品的图案设计

配饰品，是指除服装本体（上装、下装）以外，其他用来装饰人体的物品。包括鞋、帽、袜子、手套、围巾、领带、包、伞等。

饰品早于服装出现在人们的日常生活中。从由兽齿制作的项链到贝壳做的挂饰无一不说明这种现象的存在。最早的配饰是完全独立存在的，但随着服装的诞生、人类文明的发展以及人们对美的追求，饰品逐步作为服装的搭配物进行展示，并且赋予服装更多美好的意味。

一　装饰领、披肩、斗篷的图案设计

装饰领，即"假领子"，作为装饰品其用途广泛，可用于毛衣、外套、连衣裙、背心的搭配。装饰领，不是真正的服装，只是一件领子，但可以有前襟、后片、扣子、扣眼，只保留了服装上部的少半截，穿在外衣里面，以假乱真，露出的衣领部分与衬衣相搭配（图 8-13）。

图 8-13　装饰领的图案装饰

披肩泛指披在肩上的服饰，特指妇女披在上身的一种无袖外衣。披肩的款式有长方形、方形、三角形、圆形、多边形、开衩形等，饰边有精致的光边、流苏或绣嵌。其织物有棉、毛、丝、麻、化纤之分，织物的工艺有提花、印花、彩绘、刺绣、抽纱、编织之分，题材选择较为丰富。总之，披肩花色繁多，变化丰富（图8-14）。

图8-14 披肩的图案装饰

斗篷，披用的外衣，又名"莲蓬衣""一口钟""一裹圆"，用以防风御寒。短者曾称帔，长者又称斗篷。其通常无袖，有袖外披一般为明制大袖褙子。随着社会发展，穿着者对于外观造型要求不断提高，因此斗篷在造型、结构和功能都进行创新发展，成为服装时尚的潮流（图8-15）。

图8-15 斗篷的图案装饰

二 包的图案设计

包是与人们日常生活密切相关的物品之一，有着众多的种类和不计其数的款式，涵盖了挎包、背包、腰包、手包、荷包等。近几年来，由于广大消费者对于包的认识不单单停留在色彩和款式上，而是进一步注意到其面料、质地、做工等方面，因此对包的要求更加高档化、舒适化、实用化（图8-16）。

图8-16 包的图案装饰

随着潮流的发展，人们对于包的要求已经不在于仅仅满足功能性，而是将更多的注意力放在它的装饰设计方面。包的装饰除了造型的设计，还体现在外观图案的设计。图案设计的实现方式多种多样，如镶嵌、印染、手绘等。

三 鞋、袜的图案设计

鞋的产生与自然环境的变化和人类的智慧密不可分，早在远古时代，由于土地的高低不平、气候的严寒酷暑变幻异常，人类本能地保护自己的双脚免受伤害，于是出现了鞋。人类历史上最早的鞋便是通过兽皮、树叶简单包扎双足形成的。随着人类社会的发展，鞋子的材料已由早期的兽皮、树叶演变成皮革、合成革、纺织物、橡胶和塑料等。纯皮的鞋子面料多采用经过鞣制的牛、猪、羊皮，包括粒面软革、翻毛软革。高档的鞋子为了体现其尊贵性，多采用较为少见的皮革。布鞋和胶鞋则多选用坚固、耐磨、保温性和吸湿性好的棉布和毛呢，如贡布、平绒、线呢、灯芯绒、帆布、华达呢、花呢、海军呢、大衣呢等。各种合成树脂和天然橡胶则成为塑料鞋和胶鞋的主要材料（图8-17）。

袜子，一种穿在脚上的实用品，按原料可分为棉纱袜、毛袜、丝袜和各种化纤袜等，按造型分有长筒袜、中筒袜、船袜等，还有平口、罗口、有跟、无根和提花、织花等各种式样和品种（图8-18）。

图8-17　鞋子的图案装饰

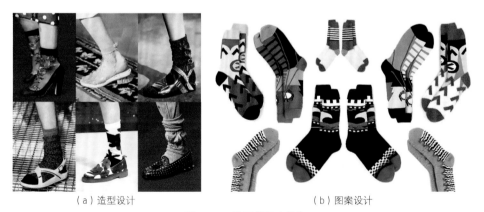

（a）造型设计　　　　　　　　　　（b）图案设计

图8-18　袜子的图案装饰

四　帽、手套、围巾、头巾、方巾的图案设计

人们在日常生活中，为了遮阳、装饰、增温和防护发明了帽、手套、围巾、头巾、方巾等一系列防护配饰。其发展和服装发展史一样深受经济、文化、环境等因素的影响，并在一定程度上体现了时代的变迁。通过对传统款式和材质的创新，各种风格的防护配饰成为现代人彰显自己个性的搭配方式（图8-19~图8-21）。

图 8-19　帽子的图案装饰

图 8-20　手套的图案装饰

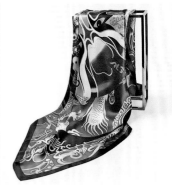

图 8-21　丝巾的图案装饰

五　领带、领结的图案设计

领带是上装领部的服饰配件，系在衬衫领子上并在胸前打结，广义上包括领结。它通常与西装搭配使用，起到修饰、点缀、美化西装的作用，是人们生活中常见的服饰品。领带在面料、花色、款式上表达较为丰富，不同生活和工作环境，领带都有不同的选择，同时领带必须紧密联系西装款式、颜色、面料等，做好相应的组合搭配。

领结是一种衣着配饰，通常与较隆重的衣着如西装或礼服一起穿着，对称地结在衬衫的衣领上，在服装的整体搭配中起到画龙点睛的作用。领结比起领带多了一分俏皮与随性，它是场合重要与否的评判标准（图 8-22）。

（a）普拉达（Prada）领带　　　　　（b）玛利亚古琦（Marja Kurki）领带　　　　　（c）VERRI 领结

图 8-22　领带与领结的图案装饰

六　伞的图案设计

伞是一种提供阴凉环境或遮蔽雨、雪的工具，包括具延展性的布料、用作骨架的材料与缠线。现如今，伞不再仅仅是传统意义遮阳避雨的工具，其款式和功能不断扩展，大到海滨遮阳伞，小到茶几灯罩伞，有降落伞，也有自动伞。从价值角度上分，有实用伞和工艺伞等。伴随着生活水平的提高，伞的样式设计不断求新，在色彩图案的表达上也更加丰富（图 8-23）。

（a）传统纸伞　　　　　　　　　（b）蕾丝洋伞　　　　　　　　　（c）伞内设计（蕉下）

图 8-23　伞的图案装饰

第三节 / 针对衣料的图案设计

衣料图案设计主要是为服装用料所做的图案设计。衣料中包括为服装提供可选择的大量印花匹料，以及为单件或系列服装准备的专用衣料。衣料图案设计取材非常宽泛，图案风格灵活多变、新颖时尚。衣料图案设计为装饰、美化人们的生活起着重要作用。衣料的图案设计主要从以下几个方面入手有目的地来开展设计工作。

一 定位

1. 面料质地

不同的面料质地，织物的风格特点不同，适用的图案工艺也不同，图案设计的风格也就不同。

棉麻织物是大众化的面料，具有牢度好、吸湿性强、耐磨耐洗、柔和舒适的特性。可采用的设计表现技法较多，优美的线、工整的点、质朴的面，在工艺上都是能实现的。色彩上既朴素大方，又鲜艳夺目（图8-24）。

毛织物具有挺括、抗皱、保暖性好、高雅舒适、色彩纯正、耐磨耐穿等优点。由于毛织物表面的肌理粗糙，图案设计表现上不宜采用细腻的点线，以大块面的表现为宜，色彩可以古朴，亦可鲜艳（图8-25）。

丝绸产品手感柔软、清爽、轻薄飘逸，外观华美，吸湿性良好，色泽鲜明、柔美，一向以具有较高的艺术性和审美价值以及良好的服用性能著称。真丝面料的图案设计造型上可以是精致优美、工细严谨的风格，也可以是生动奔放的自由风格。色彩可雅致含蓄，也可鲜艳华丽（图8-26）。

图8-24 棉织物上的图案

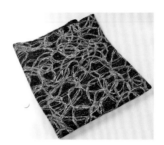
图8-25 毛织物上的图案

图8-26 丝织物上的图案

纺织技术的发展，使得市场上的服用面料丰富多彩，图案的工艺也各不相同。相同的面料，不同的图案工艺，花型的外观特征也是各不相同的。在图案设计的时候，这些都是要考虑的因素。只有深入地了解并充分地利用，才能更好地发挥面料以及图案工艺的特性（图8-27～图8-29）。

图8-27 乔其纱面料上的图案

图8-28 雪纺面料上的图案

图8-29 蕾丝面料上的图案

2. 季节

季节是影响图案设计的又一个因素，人们对服饰图案的需求也会随季节变化而变化。因此要正确应用面料，设计合理的花型与色彩，来满足人们由于季节变化而带来的对服饰图案需求的变化。

春季万物复苏，欣欣向荣的气象张扬着轻松而温暖的心情。面料质地以紧密的有弹性的精纺面料为主。夏季烈日骄阳，无处躲藏的炽热让我们渴望凉爽，棉、麻、丝是这一季着装的首选面料。秋季草木萧疏，满地黄叶堆积起沉甸甸的收获心情。面料的选择可以多样化，以全棉面料和丝质面料最为适合。冬季寒极暖至，天气较为寒冷，面料可以羊毛、羊绒、驼绒为原料。可以精纺也可粗纺。

3. 人群

不同的人群对服装需求不同，比如年龄不同、职业不同、文化程度不同等，对服饰图案的要求与审美也不同。在面料图案设计的前期，要对设计定位的人群做深入的调研，了解不同人群对服饰图案的不同需求，才能有效地开展设计工作。比如年轻人更能接受流行的图案，时尚元素的运用可以使穿着者更具活力，中老年人更容易接受经典的图案，可以体现这个年龄的优雅气质。

4. 服装类别

不同的服装类别，对服饰图案的需求也不一样。比如礼服用的锦缎、绉纱、塔夫绸、欧根纱、蕾丝等都具有华丽的色彩与图案；夏季的连衣裙、衬衫面料图案更是丰富多样；职业装、工装图案的运用较少，一般有 logo 的设计运用，面料的图案一般是暗花。

二　衣料图案设计的原则

1. 美观——花型、色彩、布局

花型、色彩与排列布局是影响衣料图案美观的关键因素，也是形成服装配套感的最重要因素；而图案的大小多少、层次的疏密虚实、品种的粗细质地、服装的造型工艺等，则是服装配套的相关因素。每一种相关因素的细微差异都会形成配套视觉上的不同，然而正是这些相关配套因素的变化，才能恰到好处地衬托、调和设计上的对比关系。

花型、色彩与布局决定了衣料图案设计的风格特色。关键因素变化的大小，制约着配套感的强弱：变化小配套不够丰富，而变化大难以统一协调。为取得"强弱"配套间的平衡，关键要把握好统一的基础——相同或相似的基本型。

衣料图案设计中，可从一个基本型着手，按配套设计的规律逐步变化、丰富、延伸，发展成系列的图案花样群；也可以保持基本花型，而改变其他因素。

2. 市场——流行、经典、个人喜好

服装衣料的图案设计是否成功，最终要接受市场的检验。所以把握市场是设计的原则，脱离市场需求，闭门造车的设计是没有意义的。这里包括了对流行信息的把握、对经典纹样的合理运

用、对不同人群个人喜好的理解，综合各种因素，设计的图案才会更有针对性，市场的目标才会更明确。

科技的发展和技术的进步为人们穿着上追求高品质、个性化、差别化、流行化、舒适环保提供了条件。时装流行趋势的发展，让面料市场也发生了很大的改变，而服装面料花型较之技术，它的更新周期更短，是最能体现流行时尚发展的。

3. 经济——成本（材料、工艺、工序）

经济是服饰图案设计，尤其是图案工艺的设计必须考虑的一个方面，也就是说要考虑到成本的问题。

面料在成本核算上，包括原料成本、织造费用、染色印花加工费用、检验包装费用和耗损。原料成本用每米用纱量 × 纱价计算，结合无弹力面料、纬弹面料、四面弹面料等，计算公式略有不同。织造费主要与纬密有关，与织布机也有关联，织造难度大小、门幅大小、织布机档次都会对织造费用产生影响。染色印花加工费要根据不同面料进行定价，一般全棉面料用活性染色工艺，全涤面料用机缸染色，印花根据套色数、门幅宽窄进行定价。绣花加工费则以每米的针数计算。

第四节 / **有主题的服饰图案设计**

一 "主题性"服饰图案的概念

"主题性"这一概念最早出自文学作品，又叫"主题思想""主要内容"，在艺术作品中是艺术家"经过对现实生活的观察、体验、分析、研究，经过对题材的提炼而得出的思想结晶，也是对现实生活的认识、评价和理想的表现。"而主题性图案是拥有某种主题思想的、有一定指向性内容的图案，通常形成系列作品。在进行主题性图案设计时，便是一种用物化的艺术手法将系列作品的中心概念加以诠释的设计过程，也是一场对设计对象进行元素提炼和归纳重构的创意盛宴和头脑风暴。

二 服装中主题性图案设计

主题性图案可以从不同的角度分门别类。在服装中它的范围大到图形、服装的结构形态，小到细节装饰元素。主题取材可由具体事物的变化设计过渡到对抽象意象的表达，展现出主题内涵的丰富性，亦可从自然、历史、艺术、科学、地域、生活等平行类别进行拓展。

1. 自然主题

这类主题涵盖面广，包括植物、动物、微生物，山、石、云、水等大自然中生态系统里的所有物象，这其中植物的主题是最常见的（图8-30）。洛可可风格的服饰图案就是以自然界中的奇花异草为主题的图案设计，并成为那个时代的象征。

自然主题图案以反映自然美为主要目的，所以表现大多以写实为主。自然主题的图案也可发展成一种趣味性的图案（图8-31）。

2. 历史主题

这类主题与人类文化有密切关系，主要指在人类历史发展过程中，被人类创造出来的各种形象，包括建筑物、雕塑、绘画、工艺品，以及各种装饰纹样，这些形象的造型与色彩都具有明显的时代历史文化特征。这类主题内容非常丰富，以下举几个典型的例子。

图8-30　花朵主题
（Blumarine2015春夏系列）

图8-31　动物主题（2014秋冬米兰时装周）

（1）古建筑文化主题。各个地区的历史建筑风格各有不同，表现在造型、装饰以及色彩的运用上，以古代建筑为主题的图案设计内容丰富，风格多样，如古埃及的建筑、古希腊的建筑等都可以成为这个主题的内容（图8-32、图8-33）。

（2）吉祥文化主题。吉祥文化是中国明清时期发展起来的世俗文化，追求图案吉祥寓意的表达，形成了很多固定搭配的图案形式。如平（瓶）安富贵（牡丹）、喜（喜鹊）上眉梢（梅花）等。这类主题是为了满足人们对美好事物的向往。吉祥图案有的来源于对自然的物象联想，有的则是主观创造出来的形象，并在长期的发展中形成了共同认知，如代表尊贵与神秘的龙纹，象征天下太平的凤纹，表达祈福安佑的祥瑞麒麟纹等（图8-34~图8-36）。

历史主题的图案内容相当丰富，比如中国历史上的彩陶、青铜器、青花瓷等；欧洲历史上的雕塑、壁画等，都是可以作为历史文化主题用在服饰图案上的。

图 8-32　建筑浮雕主题　　　　　　　　　图 8-33　狮身人面主题

图 8-34　龙纹　　　　　　　　图 8-35　凤纹　　　　　　　　图 8-36　麒麟纹

3. 艺术主题

艺术也是人类历史文化的重要部分。图案的艺术主题主要来自绘画、图形、音乐、电影、戏剧等，这些艺术形式都为服饰图案设计提供了丰富的源泉，成为激发设计师灵感的强大动力。

罗达特（Rodarte）2012 春夏系列将梵高的《向日葵》《星空》等名作以印花、刺绣等方式在设计中展示出来，经典的向日葵图案被无限重组，星空的漩涡图案处理成褶皱或花纹，将时装升华为艺术品（图 8-37、图 8-38）。

华伦天奴（Valentino）2014 春夏高级定制灵感来源于五十五部历史悠久的古典歌剧，具象化的图案处理传达出主题，将《茶花女》乐曲的五线谱用刺绣工艺表现，将歌剧《动物狂欢节》中原始丛林动物印在奢华礼服上（图 8-39）。

图 8-37　罗达特 2012 春夏系列　　　　　图 8-38　梵高的《向日葵》《星空》

图 8-39　华伦天奴 2014 春夏高级定制

4. 科学主题

科学技术的突破和发展对科学主题的设计产生了深刻的影响，著名的"阿波罗"登月，勾起了人们对于宇宙的神往，未来主义设计风格孕育而生。早期皮尔·卡丹就在形式上表达了未来风格的印象（图 8-40）；荷兰前卫艺术家 Anouk Wipprech 将高端技术融入时尚设计中，他设计的未来主义风格服装——搭载 Intel 电脑晶片能如蜘蛛般活动的 Spider Dress，传达出强烈的科技意味（图 8-41）；扎克·珀森（Zac Posen）的夜光裙在黑夜中星光熠熠，自带光源效果的化纤面料，展现出科技与时尚的融合（图 8-42）；Volkswagen 系列运用丰富的色彩、波点式的图案分布营造出五光十色的银河（图 8-43）。马丁·马吉拉（Maison Margiela）高级定制就像通向未来的星际之旅，PVC 混合荧光色塑料材质，呈现出丰富的科幻感（图 8-44）。

图 8-40　皮尔·卡丹未来主义风格　　　　　　　　图 8-41　Spider Dress

图 8-42　扎克·珀森的夜光裙　　　图 8-43　Volkswagen 系列服装　　　图 8-44　马丁·马吉拉的
高级定制服装

5. 地域主题

这类主题既是一种文化继承，也是一种文化发扬，不同地域存在不同社会和民族，积淀出独特的民族文化，而独特民族文化孕育了特色的民族服饰。款式上形制复杂，装饰上图案各异，但都具备很强的装饰性和审美性，成为设计师重要的灵感源泉。在地域主题图案的设计中，民族风格一直是受人追逐、经久不衰的内容之一，其涉及层面较广，有热情似火的吉卜赛文化和非洲文化、低调优雅的东方文化、自由浪漫的波希米亚风格等（图 8-45~ 图 8-47）。

图 8-45　吉卜赛风格主题　　　　　图 8-46　非洲文化主题　　　　　图 8-47　波希米亚风格主题

6. 流行与生活主题

服饰常常是与时尚相关联的，时尚的发展紧密扎根于生活，其图案的主题充分显示出生活的艺术。生活主题图案具有极强的时代感，表达出现代生活方式和流行艺术。

（1）流行艺术主题。图形设计是流行的主题内容之一。图形艺术的发展是一种艺术设计思维的延伸。现代T恤、运动装的图形设计常通过简要凝练的造型图案，从感情、意象、概念上赋予设计物一种符号，与其他设计物区分开来。如知名运动服装品牌通过对其 logo 图案的不断变化调整，逐步凝聚出品牌的精神特质和面貌（图8-48）。

图8-48　三叶草 logo 主题图案

波普艺术是20世纪50年代后期在纽约发展起来的大众艺术。主要用商业化的文化符号来进行艺术的创造，它对流行时尚有长久的影响力（图8-49）。

图8-49　波普艺术风格图案

"摇摆印花"源于20世纪60年代——"摇摆伦敦"的流行年代，特指英国伦敦当时流行的青年文化现象。令人眼晕的黑白迷幻印花则属于欧普艺术的范畴，仅用黑与白就表现出极大的视觉张力（图8-50）。

图 8-50　摇摆印花

（2）现代生活主题。在社会发展趋势影响下，政治经济、社会洞察和日常生活都会激发创作灵感，表达对社会和生活的感受与体会。时装周舞台以个人生活或心情感悟为灵感主题的服饰图案数不胜数。拉夫·西蒙（Raf Simons）2015 年春夏系列将一次旅行作为灵感主题，沿途记录的照片在系列发布中穿插，将旅行的意义具象化（图 8-51）。

图 8-51　拉夫·西蒙 2015 春夏系列

三　主题性图案设计方法应用研究

服饰品种类繁多，在具体应用上也不尽相同。主题性的服饰图案在形式表现和风格演绎上都各不相同，是符合现代人审美的，具有相当高的艺术价值和商业价值。主题性服饰图案的设计具备以下特征。

1. 主题性图案具备明确的内容范畴

主题性图案设计通过主题设定构思范围，通过灵感来源物存在的相关性和可比性，去发散人们的固有思维。首先从灵感来源物具有的相近特点进行联想，设计者通过结合相似点进行创作，展开思维想象，进行再设计；同时灵感来源对象具有可对比的特点可以进行联想，从而拓展主题性设计的思维空间和概念特征。

对主题性图案做相关的丰富想象，可以使主题表现富有层次感、立体感、空间感。如以"自然"为构思范围，通过灵感搜集确定以对原始质朴的向往为表现特征，那么取材就是寻找能表达该主题共有的感知和内在联系的事物，并进一步拓展丰富。如图 8-52 以迷彩图案作为设计主题，运用多种迷彩混搭，以写实外观的树影迷彩作为新的迷彩图案，与自然重新建立联系。

图 8-52　迷彩主题图案设计

2. 主题性图案能充分表达主题含义

经过设计者对花型纹样的排列布局，主题性图案设计能形成表达主题含义的整体效应。例如风格强烈的波斯图案，其特征是将浓郁的地域风情与丰富的地域文化相结合，浓缩成特定的装饰艺术，用现代的设计构成方法将其分解重构，可表现出主题的丰富性和装饰性。如阿玛尼（Armani Prive）2015 春夏高级定制秀，以中国风为主题，用印花、廓型和面料充分描绘竹子。用点彩、线描和笔触的艺术手法绘制竹子，色彩更赋予竹叶图案以不同视觉感受与含义，表达出东方的文化魅力（图 8-53）。

图 8-53　阿玛尼 2015 春夏高级定制

3. 主题性图案的色彩优化组合，形成象征主题的主色调

颜色调子的选择是整个主题设计除纹样设计外的最重要组成部分，是决定主题设计成败的第一印象，服饰图案色彩已成为日益重要的风格要素。色彩本身不仅具有不同的色彩感受，而且具有特定的内涵与主题意向。设计者运用自身对主题的理解和图案色彩的表现，选用适当的面料与工艺来制作，从而在形色、材质等方面全方位造就主题性设计的艺术效果。选择天然的具有民族风情的自然材料，还是选择现代感的人造材料，不同的材料工艺能产生不同的心理效应。因此，对材质与工艺的恰当运用应由不同主题设计的性质来决定。服装和配饰设计都是以主题为指向，在形色材质工艺上得到协调的整体把握，从而综合各个设计因素，相互配套，营造主题性设计的整体氛围（图8-54）。

图 8-54　主题色彩（2019/2020 秋冬色彩流行趋势报告）

随着社会的发展、时代的进步和人们审美的提高，消费者对服饰的艺术性和观赏性追求愈发强烈，当人们物质生活已经得到满足时，精神享受也要同时提升，不断加强对艺术的关注、对美的认识和对美的追求。服饰设计中图案的形式、构造、颜色、线条都是美的范畴。美的发展同时提高了人们的艺术审美，对美的要求和研究也促进了社会的发展、潮流的变化以及服饰图案设计市场的进步。

思考与练习

1．服饰图案的表现技法很多，不同的表现技法产生不同的画面效果，我们在制作图案时如何根据不同的服饰特点来进行图案设计？

2．在设计图案时，如何把握服饰局部图案设计与整体设计之间的关系？

3．T恤图案的设计。针对青年的T恤纹样设计，要求有性别特征，纹样布局合理美观，色彩有活力，题材不限。

4．有主题的服饰图案设计。根据当季流行趋势，选择一个主题，收集相关资料，进行面料花型设计，并完成服装应用效果图。要求主题明确，造型优美，色彩和谐。

参考文献

[1]黄国松, 等. 染织图案设计[M]. 上海: 上海人民美术出版社, 2005.

[2]诸葛铠. 图案设计原理[M]. 南京: 江苏美术出版社, 1991.

[3]城一夫. 西方染织纹样史[M]. 孙基亮, 译. 北京: 中国纺织出版社, 2001.

[4]亚历克斯·罗素. 纺织品印花图案设计[M]. 程悦杰, 高琪, 译. 北京: 中国纺织出版社, 2015.

[5]德鲁塞拉·柯尔. 世界图案1000例[M]. 汤凯清, 译. 上海: 上海人民美术出版社, 2006.

[6]邱蔚丽, 胡俊敏. 装饰面料设计[M]. 上海: 上海人民美术出版社, 2006.

[7]孙世圃. 服饰图案设计[M]. 4版. 北京: 中国纺织出版社, 2009.

[8]孙晔, 方佳蕾, 张竞琼. 图案·装饰·设计[M]. 上海: 东华大学出版社, 2007.

[9]Susan Meller, Joost Elffers. Textile Design[M]. London: Thames and Hudson Ltd, 1991.

[10]John Gillow. African Textiles[M]. London: Thames and Hudson Ltd, 2003.

致谢

本书作品提供者

侯　丹	金　露	仓晓平	李　科	蒋苏芳	蒋　蓉	杨雪梅	赵　静	王　彦
周　咏	周　佳	孙　晔	付业飞	欧　茜	祝桂花	陈　岑	魏　越	王倩倩
董京京	陈非凡	王珺珺	韩　萍	杜永康	桑振聪	周寿琴	杨甜甜	王志军
高蓓枝	闫秋红	宁　静	贡晶晶	王碧莹	茆　琳	伍　泠	于泪泪	王沈慧
陈浩慧	孙琳琳	慧　晶	侯昀彤	陈　艳	崔文静	刘心仪	徐亚雪	王澜静
龚宇涵	徐鹏飞	陈　鹏	陈明明	秦　瑶	赵昕怡	高　雅	徐志寒	刘佳维
魏　冰	魏　敬	姚元晶	江运锋	肖春雅	顾俊娟			